HEYNE BÜCHER

SPHINX

Horace Dobbs

Delphine

Magie und Botschaft unserer spirituellen Partner im Meer

WILHELM HEYNE VERLAG
MÜNCHEN

SPHINX BEI HEYNE
Herausgegeben von Michael Görden
Nr. 13/3019

Aus dem Englischen von Carola Hepp

Umwelthinweis:
Dieses Buch wurde auf
chlor- und säurefreiem Papier gedruckt.

Die Originalausgabe erschien unter dem Titel
THE MAGIC OF DOLPHINS
im Verlag Lutterworth Press, Surrey
Die deutschsprachige Ausgabe erschien zuerst 1986 im
Sphinx Verlag, Basel

Genehmigte Taschenbuchlizenzausgabe im
Wilhelm Heyne Verlag GmbH & Co. KG, München
Printed in Germany 1997
Umschlaggestaltung: Atelier Adolf Bachmann, Reischach
Umschlagabbildung: Silvestris Fotoservice, Kastl
Technische Betreuung: S. Hartl
Satz: Pinkuin Satz- und Datentechnik, Berlin
Druck und Bindung: Elsnerdruck, Berlin

ISBN 3-453-13282-3

Delphin

In grünes Wasser vorstoßend,
Sinnbild der Freude,
springst du aus den Tiefen,
um den Himmel zu berühren,
Gischt zu verteilen,
wie Händevoll Juwelen.

Nicht durch einheitliche Gesetze gefangen,
ohne die Fesseln von Verkaufszielen,
keine Züge, keine Flugzeuge zu versäumen,
ist deine Zeit bestimmt durch den Fluß
der Meeresgezeiten
und den Schimmer des Mondes.

Du gibst uns berauschende Bilder,
die wir verwahren hinter den Türen
der Erinnerung
für stille Augenblicke,
wenn wir befreit sind von
unseren Besitztümern,
dann träumen wir von einer Freiheit,
die deiner gleicht.

Horace Dobbs
Portreath, Juli 1982

Inhalt

Vorwort

Ein Junge auf einem Delphin

Es war später Nachmittag. Das Meer um uns war blaßgrün, und ich konnte die Luftblasen aus meinem Sauerstoffgerät blubbern hören. Aus dem Trüben heraus erschien ein grauer Schatten. Er sauste an mir vorbei und verschwand blitzschnell wieder. Ich schaute nach oben. Durch die gekräuselte, silbrige Wasseroberfläche sah die Sonne wie eine tieforangefarbene Scheibe aus. In der Mitte dieser Scheibe war die Silhouette meines dreizehnjährigen Sohnes Ashley. Er trug einen Taucheranzug aus Schaumgummi und eine Tauchermaske. Er drehte seinen Kopf hin und her, um zu sehen, wo der Delphin als nächstes wieder auftauchen würde. Ich saß auf einem Felsen auf dem Meeresboden und schaute noch immer nach oben, beobachtete Ashley, wie er sich langsam, sieben Meter über mir, an der Oberfläche dahinbewegte. Plötzlich bemerkte ich die Gegenwart von etwas anderem. Ein Schwall von Luftblasen explodierte einige Sekunden später im Wasser neben Ashley. Heraus

---

◀ Eine Begegnung von Mensch – Delphin im Meer ist immer ein bedeutsames Erlebnis.

Ashley Dobbs und Donald, der wilde Delphin, vor der Küste der ›Isle of Man‹.

tauchte der graue torpedoförmige Körper des Delphins. Und dann, mit einem kräftigen Auf- und Abschlag seiner Schwanzflosse, verschwand er wieder, ähnlich einem Windhund, der hinter einem Hasen her ist. Doch nur Momente später rauschte er wieder an mir vorbei, schwang sich zur Wasseroberfläche und hob sich wieder aus dem Wasser in die Luft hinein. Mir war klar, welch ungeheure Kraft frei wurde, als der Delphin über Ashley hinwegsprang, und ich bekam Angst um die Sicherheit meines Sohnes. Was würde passieren, wenn der Delphin sich im Sprung verkalkulierte und auf dem Jungen landete? Ashley konnte verletzt oder sogar getötet werden. Ich schob das große Kameragehäuse vor mir her und beeilte mich, zur Wasseroberfläche zu kommen, um Ashley zu sagen, er solle in unser kleines Schlauchboot klettern. Als ich durch die Oberfläche stieß, bot sich mir ein Bild, das in meinem Gedächtnis haften blieb, als sei es in Stein gemeißelt. Ich sah, wie Ashley sich langsam mit den Beinen aus dem Wasser hob, und daß er rittlings auf dem Kopf des Delphins saß. Zunächst schaute der Junge etwas ängstlich und ungläubig. Dann wechselte der Gesichtsausdruck in ein Grinsen über, und er hob die Arme hoch wie ein Fußballspieler, der gerade ein Tor geschossen hatte. Währenddessen entfernte er sich von mir. Ashley befand sich in vollkommener Balance auf dem Kopf des Delphins. Nachdem der Delphin mit Ashley, der wie ein Jockey auf ihm ritt, im Hafen gekreist war, kam er zurück an meine Seite, tauchte dann plötzlich weg und ließ den Jungen wieder, an der Oberfläche schwebend, zurück. Der Anblick meines eigenen Sohnes, wie er auf einem wilden Delphin im Meer reitet, ist eine meiner unvergeßlichen Erinnerungen. Daraus entstand eine Harmonie zwischen dem Delphin, mit dem sich eine enge Freundschaft entwickelte, und meinem Sohn, den ich sehr liebe, mit dem Meer um uns. Es war ein Moment, in dem sich für mich wieder einmal eine jener Facetten zeigte, welche die mysteriöse Anziehungskraft der Delphine ausmachen. Die gesamte Geschichte meiner vielen Erlebnisse mit Donald, dem Delphin, wird in meinem Buch ›*Follow a Wild Dolphin*‹* und dem Folgeband ›*Save the Dolphins*‹** erzählt.

In diesem Buch werde ich veranschaulichen, was wir über Delphine wissen, und möchte die Eigenschaften herauskristallisieren, aufgrund derer wir ihnen einen besonderen Platz in unserer Gefühlswelt einräumen.

---

* Souvenir Press, Großbritannien.

** Eine kombinierte Version der beiden Bücher mit dem Titel: ›Follow the Wild Dolphins‹ ist im Verlag St. Martin's Press in den USA erschienen.

1

Das Wesen der Delphine

Die Auffassung, daß Delphine etwas Besonderes sind, ist nicht neu. Schon im Jahre 1500 v. Chr. wußten die Minoer darüber Bescheid. Für sie symbolisierten die Delphine Freude und Musik. Ein paar Jahrhunderte später weihten die alten Griechen ihren Tempel in Delphi einem Delphin-Gott (Delphin kommt vom griechischen *delphi* und bedeutet Gebärmutter).

Die Anbetung der Delphine würde gegen die meisten heutigen Glaubensbekenntnisse verstoßen. Es gibt allerdings in allen Religionen mystische Elemente. Die meisten stehen für das friedliche Zusammenleben zwischen dem Menschen und seinen Mitmenschen und anderen Kreaturen, die auf der Erde leben. Die Menschen früherer Zivilisationen fühlten eine tiefe Liebe und Respekt für die Delphine, obwohl sie noch nicht im Besitz der heutigen wissenschaftlichen Erkenntnisse waren. Trotzdem bezeugen die Reste ihrer Bauten, daß sie in viel engerer Harmonie mit der Natur lebten, als die Menschen es heute in unseren Großstädten tun.

Die Gleichnisse der Bibel und viele Mythen dienten jenen zur Erklärung von Geheimnissen, die nicht das Wissen oder das Verständnis hatten, um sie zu verstehen. Die Wahrheit war in

Ein Delphin kann einem bedrohlichen Hai einen Todesstoß versetzen. Wenn Taucher in Gesellschaft von Delphinen sind, ist es unwahrscheinlich, daß sie Haie zu Gesicht bekommen.

einer ausgeschmückten Geschichte verpackt, wie ein Mann im Drachenkostüm bei einem chinesischen Tanz.

Welche Eigenschaften waren es also, die dazu führten, daß die frühen Kulturen die Delphine so schätzten und daß die Menschen sie auch heute immer noch lieben?

Auf der Suche nach der Antwort auf diese Frage kommt man fast nicht umhin, in menschlichen Maßstäben zu denken. Wenn man sich fragt: ›Was mag ich und was bewundere ich an Menschen?‹ und ›Haben Delphine dieselben Eigenschaften?‹, dann können wir der Antwort näherkommen. Generell betrachtet wird schnell deutlich, daß Delphine viele jener Eigenschaften des menschlichen Charakters haben, die wir an unseren Freunden mögen; abstoßende Charakterzüge, wie wir sie bei Leuten feststellen, die wir stark ablehnen, scheinen ihnen zu fehlen.

Das Fehlen von Aggression steht an erster Stelle auf der Liste der guten Punkte für Delphine. Ich kann keinen Bericht über einen Zwischenfall finden, bei dem ein Delphin einen Menschen *unprovoziert* angegriffen hat. Das soll jedoch nicht heißen, daß Delphine nicht in der Lage sind, auf sich selbst aufzupassen. Es ist sogar so, daß Haie ihnen wohlweislich aus dem Weg schwimmen, denn ein Delphin kann einem Hai einen Todesstoß versetzen. Der Delphin schwimmt dabei einfach sehr schnell auf den Hai zu und rammt ihn in die Seite. Der Stoß mit dem Schnabel des Delphins zerreißt die inneren Organe, und der betäubte und schwer verwundete Hai gleitet in Spiralbewegungen hinunter in die Tiefe.

Der Delphin ist sich also der Tatsache sehr bewußt, daß ein Stoß mit seinem Schnabel tödlich ist. Und wenn er einen Hai töten kann, dann könnte der Delphin auch einen Menschen im Wasser sicher mit der gleichen Leichtigkeit töten. Hunderte von Menschen werden jedes Jahr von Haustieren angefallen und verstümmelt. Wir wissen alle, wie bösartig ein Hund sein kann, wenn man ihn ärgert. Obwohl Hautkontakte mit Delphinen natürlich viel seltener sind, ist es trotzdem eine bemerkenswerte Tatsache, daß sie Menschen nicht angreifen.

Delphine scheinen einen Sinn für Humor zu besitzen und verbringen viel Zeit mit Spielen.

Es scheint, als ginge die besondere Beziehung der Delphine zu den Menschen noch über den Wunsch, sie nicht zu verletzen, hinaus. Denn es gibt viele Geschichten von wilden Delphinen, die Menschen in Not halfen, oftmals sogar ihr Leben retteten.

Aber freundlich und hilfsbereit gegenüber dem Menschen zu sein, das ist nur ein Teil der delphinischen Charakterform. Delphine haben außerdem einen Sinn für Humor. Sie lieben es, zu spielen – wie auch andere wilde Tiere. Allerdings begrenzen die meisten Tiere ihr Spiel auf die Jugendzeit. Man betrachtet das als einen wichtigen Teil des Lernprozesses, der sie auf die ernste Sache des Überlebens im späteren Leben vorbereitet. Ein Löwenbaby wird also wie ein junges Lamm herumspringen, wenn es jedoch erwachsen wird und den Platz eines Älteren im Rudel übernimmt, wird es viel ruhiger. Delphine dagegen haben offenbar ihr ganzes Leben lang Freude daran, einfach aus Spaß aus dem Wasser zu springen.

Es gibt jedoch ein Charaktermerkmal, von dem ich dachte, daß es einzigartig für den Menschen ist, bis ich Donald, den Delphin, traf: ich meine den Sinn für Humor. Es gab Momente, da schien es, als verstünde er genau, was wir machten. Und dann spielte er uns gezielt Streiche!

Eine andere Eigenschaft ist bei den Delphinen noch mit dem Spaß und dem Sinn für Humor verbunden: Glücklichsein. Es scheint aus ihnen herauszusprudeln und steckt jene an, die das Glück haben, ihre Gesellschaft zu genießen. So mancher Seemann fühlte schon, wie sein Herz sich erwärmte, wenn eine Schule von Delphinen sein Boot begleitete. Selbst der härteste unter den alten Seebären läßt sich zu einem Lächeln hinreißen, wenn er sich an die Begleitung der Delphine auf seinen Reisen erinnert. Für die alten Seeleute waren die Delphine Glücksbringer. Auch heute, wo viele Leute alleine segeln, löst der Anblick der Delphine auf dem Meer Freude in ihren Herzen aus.

Ich erinnere mich, als ich das erstemal eine Schule von Delphinen sah. Es war beim Segeln zwischen den Galapagos-Inseln im Pazifischen Ozean. Der Ruf ›Delphine‹ ertönte, und jeder hastete an Deck. Eine Schule von Delphinen kam direkt auf uns zu. Sie sprangen fröhlich aus dem Wasser, während sie sich voranbewegten, und holten uns bald ein. Als die Delphine unser Boot erreicht hatten, pendelten sie mühelos von Seite zu Seite in der Bugwelle. Sie schienen jeden an Bord zu verzaubern. Wir waren alle gefangen. Teil dieser Verzauberung durch die Delphine ist zweifellos die Freude, die sie den Leuten bei ihren Begegnungen bringen, besonders, wenn die Delphine in einer verspielten Stimmung sind.

Natürliche Schönheit nimmt viele Formen an. Eine Möwe, die mühelos im Aufwind einer Klippe dahingleitet, beschreibt Muster im Himmel, die schön zu beobachten sind. Von gleicher Ästhetik ist auch die Bewegung einer aufsteigenden Schule von Delphinen, die im Wasser glitzert. Das ist Schönheit, die von der Vollendung und

Harmonie herrührt. So wie die Möwe der Meister der Bewegung in der Luft ist, so ist der Delphin Meister der Bewegung im Wasser. Diese Vollendung kommt durch die richtige Form zustande und dadurch, daß hier ein Maximum an Vorwärtsbewegung mit einem Minimum an Anstrengung erreicht wird.

Man stelle sich vor, an einen Strand geworfen zu werden, ohne Werkzeuge und Kleidung, auf ein Land, das noch nie zuvor von Menschen bewohnt wurde. Obwohl das zunächst sehr romantisch erscheint, hätten die meisten von uns Schwierigkeiten, zu überleben, denn wir sind in wachsendem Maße abhängig von technischer Hilfe geworden. Ohne sie hätten wir Schwierigkeiten, uns zu ernähren und uns warm zu halten. Es ist eine Tatsache, daß wir uns von der Harmonie mit der Natur wegbewegt haben. Wir manipulieren ständig die Welt um uns herum, damit sie uns angepaßt ist – oft auf Kosten anderer Lebensformen auf diesem Planeten. Es ist also nicht erstaunlich, daß wir die Art und Weise bewundern, mit der sich die Delphine so natürlich in ihre Umgebung einfügen.

Eine der Eigenschaften eines großen Tieres, um in der rauhen Welt des Meeres zu überleben, ist Stärke. Und der Delphin hat ein gutes Maß dieser Stärke. Unter Wasser ist er praktisch schwerelos, so daß keine ausgeprägte Knochen- und Muskulaturstruktur für die Unterstützung des Körpergewichts gebraucht wird, wie es notwendig wäre, wenn das Tier an Land lebte. Aufgrund dieser Tatsache wird die beträchtliche

Stilisierte Delphine wurden zur Dekoration vieler handgefertigter Objekte benutzt, wie diese viktorianische Salzglasur-Vase, die ein Motiv ›Junge-auf-einem-Delphin‹ trägt.

Muskelkraft der meisten Delphine dazu aufgewendet, sie durch das Wasser zu bewegen. Und niemand wird leugnen, daß der körperliche Wagemut des Delphins sehr beeindruckend ist. Seine Fähigkeit, sehr schnell zu schwimmen und eindrucksvolle Sprünge zu vollführen, bringt ihm die Bewunderung all jener ein, die selbst sportliche Aktivitäten schätzen, zum Beispiel Gymnastik.

Für viele Menschen ist es die Kombination aus Kraft, Grazie und Schönheit, die den Zauber der Delphine ausmacht. Für andere wiederum ist es die Überschwenglichkeit und Heiterkeit des Delphins. Aber da ist noch ein anderer Bestandteil, der die Mischung ausmacht, die doch mehr ist, als alle diese Dinge zusammen. Diejenigen, die den Delphinen sehr nahe gekommen sind, fühlen es in sich selbst, können es jedoch nicht erklären. Was es genau ist, bleibt ein Geheimnis. Um ein besseres Wort dafür zu wählen, nennen wir es einfach den *Geist* der Delphine.

Die Natur verwahrt noch sehr viele Geheimnisse und Mysterien, über die wir rätseln können. Und der Geist der Delphine ist eines davon.

Dieses Delphin-Mosaik in Olous auf der Insel Kreta wurde als Boden einer frühen christlichen Basilika gelegt.

2

Die Evolution der Delphine

Delphine durchstreifen alle Weltmeere, und einige leben sogar in Flüssen. Wie lange sie schon auf der Erde sind und wie sie hierherkamen, das sind die nächsten Fragen, die wir untersuchen werden.

Dabei müssen wir die Evolution berücksichtigen. Genauso, wie ein Plan benötigt wird, um ein neues Gebäude zu bauen, braucht man auch für den Aufbau eines neuen Körpers einen Plan, egal, ob es sich um Mensch oder Delphin handelt. In jedem Lebewesen sind die Pläne in sehr langen und komplexen Molekülen – Chromosomen genannt – zugrunde gelegt. Individuelle Einheiten in den Chromosomen heißen Gene. Und es ist der genetische Aufbau des einzelnen, der darüber entscheidet, ob der Betreffende groß oder klein ist, blauäugig oder braunäugig, ob er blondes oder schwarzes Haar hat.

Bei den Säugetieren entsteht der Hauptplan im Moment der Eibefruchtung, und er besteht aus einer Mischung der Gene von den beiden Elternteilen. Man muß nur die unterschiedlichen Gesichter und Formen und Größen einer Schulklasse mit Kindern im gleichen Alter betrachten, um zu erkennen, wie viele Variationen bei diesem Prozeß entstehen können. Es passiert jedoch hin und wieder, daß dieses Gesetz nicht exakt befolgt wird und daß der Nachwuchs mit einigen Unterschieden geboren wird, die weder den Eltern noch den Vorfahren entstammen. Wenn das passiert und die Nachkommen sind, als Folge davon, überlebensfähiger, dann kann es sein, daß dieses neue Merkmal an die nächste Generation weitervererbt wird. Diese Entwicklung wird Mutation genannt, und durch sie finden evolutionäre Veränderungen statt.

Die meisten Mutanten, wie die neuen Variationen genannt werden, sind weniger an ihre Umgebung angepaßt als ihre Eltern. Sie paaren sich nicht, und ihre besondere Form wird deshalb nicht weitergegeben. Es gibt jedoch einige, die sich paaren und somit mehr von ihrer eigenen Art hervorbringen können.

Es ist interessant, über die Veränderungen zu spekulieren, die vor Millionen von Jahren stattfanden und die zur Entwicklung des ersten Delphins führten. Eine Methode, zu bestimmen, welche Form Tiere in der Vergangenheit hatten, besteht darin, die Steinformationen nach den datierbaren Überbleibseln zu untersuchen. Auf diese Weise kann uns das Studium von Fossilien einen Einblick in die Evolution geben.

Wenn ein Tier oder eine Pflanze stirbt, zerfällt sie meist und wird in dieser Form dem Kreislauf wieder zugeführt. Wenn das nicht so wäre, würde die Erde nicht der Ort für das kräftige Wachstum und die Veränderung, wie sie es ist, sein. Es kommt jedoch manchmal vor, daß ein Tier zum Beispiel im Sumpf stirbt und, wenn sich genü-

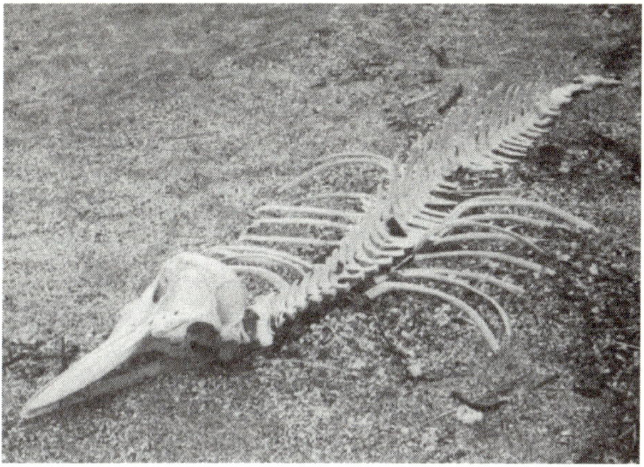

Das Skelett eines Großen Tümmlers auf den Galapagos-Inseln enthüllt die zahlreichen Wirbel des Rückgrats. Die Muskeln, die von ihrem Rückgrat ausgehen, befähigen die Delphine, einen äußerst kraftvollen Schlag mit ihrem Schwanz auszuführen.

gend Salz in den Knochen befindet, es so konserviert wird. Diese Überreste werden dann mit Sand und Sedimenten bedeckt, die schließlich zu Stein ineinander verschmelzen. Wenn dieser Stein aufgebrochen wird, vielleicht Millionen Jahre später, kann man die Form eines Tieres als Fossil erkennen.

Die Chance, daß so etwas mit einer großen Struktur im Meer passiert, ist überaus gering. Wenn es aber doch einmal vorkommt, wird das Produkt für das menschliche Auge erst dann sichtbar, wenn der Fels sich nach und nach über das Meeresniveau erhebt und dann verwittert oder sich sonstwie verändert.

Im Fall der Delphine sind bisher sehr wenig

Fossilien gefunden worden. Aus diesem Grund muß man nach anderen Quellen suchen, um die Spuren ihrer evolutionären Entwicklung zurückzuverfolgen. Eine Methode, dies zu tun, ist, die Veränderungen zu untersuchen, die in der embryonalen Entwicklung stattfinden. Viele Wissenschaftler nehmen an, daß die komplexen Veränderungen, die im Moment der Befruchtung des Eies bis hin zur Geburt des Delphinbabys stattfinden, den evolutionären Weg der Art widerspiegeln.

Aber selbst wenn man diese wissenschaftlichen Beweise in Betracht zieht, bleibt trotzdem immer noch viel an Spekulation übrig. Welches Bild können wir uns also machen?

Zunächst müssen wir zeitlich zurückgehen zu einem kleinen, vierbeinigen Säugetier, das vor 30 bis 40 Millionen Jahren am Rande des Meeres lebte. Natürlich war Nahrung an Land vorhanden, doch im Meer gab es Beute in großem Überfluß. Die Tiere wateten wahrscheinlich ins Meer und schnappten, weil sie keine Werkzeuge hatten, mit dem Maul nach Teilen dieser Beute. Diese Art der Nahrungsaufnahme erwies sich als befriedigend, und manche Tiere holten sich nun mehr aus dieser Nahrungsquelle. Diese Merkmale, die sich entwickelten und die ihnen erlaubten, sich auf dem Land und im Wasser fortzubewegen, waren die erfolgreichsten und entfalteten sich. Allmählich, nach unzähligen Generationen, paßten sie sich der maritimen Umgebung an, wobei sie ein Merkmal beibehielten, das sie auf dem Land erworben hatten: Sie waren Warmblüter. Aufgrund dieses Charakteristikums hatten sie schon an Land die Spitze des evolutionären Stammbaums eingenommen. Durch die Kontrolle der Körpertemperatur und dadurch, daß sie mehr oder weniger konstant gehalten werden konnte, waren sie in der Lage, immer aktiv zu sein, im Gegensatz zu den Reptilien, die sich in der Sonne aufwärmen mußten, bevor sie sich schnell bewegen konnten.

Bei effektiver Bewegung durch das Wasser war die Motorik natürlich völlig anders als die der Bewegung an Land. Die Probleme des Schwimmens waren im Rahmen der Evolution schon von den Fischen gelöst worden. Es ist also nicht verwunderlich, daß die Säugetier-Mutanten, die sich an die Grundform der Fische angepaßt hatten, am erfolgreichsten im Meer waren. Bei den meisten Fischen stammt die Hauptantriebskraft vom Schwanz durch die seitlichen Bewegungen des Rückgrats. Bei den Landsäugetieren entwickelte sich längs der Körperachse eine viel größere Stärke und Flexibilität bei einer Beugebewegung der Wirbelsäule. Obwohl die Delphine die Fischform annahmen, wurde dies jedoch von einer einzigartigen Auf- und Abbewegung des Schwanzes begleitet, die heute noch für alle Delphine charakteristisch ist.

Nachdem die Fischform entwickelt worden war, ist die naheliegendste Frage, die nun auftaucht: Warum wurden die Lungen nicht gegen Kiemen ausgetauscht, um so die Archeoceten, wie die ersten Delphine genannt werden, in die

Lage zu versetzen, permanent unter Wasser zu bleiben? Um diese Frage zu beantworten, müssen wir zur Warmblütigkeit der Delphine zurückkehren. In diesem Zusammenhang gibt es zwei Dinge zu berücksichtigen: Erstens wird eine sehr große Kontaktfläche benötigt, damit Sauerstoff und Kohlendioxyd im Blut ausgetauscht werden können; zweitens ist Wasser ein ausgesprochen guter Wärmeleiter. Wenn also das Wasser ein kiemenähnliches Organ im Delphin passieren würde, zöge es eine ungeheuer große Wärmemenge an dieser Stelle ab, die ersetzt werden müßte, und um das zu tun, müßte eine unmöglich große Nahrungsmenge aufgenommen werden. Deshalb blieb der Delphin, wie die anderen Säugetiere, ein Lungenatmer.

Und so entstand durch diesen spekulativen Prozeß der Evolution eine sehr erfolgreiche neue Lebensform, die sich aufgrund einer Anzahl wesentlicher Merkmale von anderen Tieren unterschied:

Sie hatte ungefähr die Form eines Fisches.
Sie war vollkommen aquatisch
(d. h. sie verbrachte ihr gesamtes Leben im Wasser).
Sie war Lungenatmer.
Sie war warmblütig.

Etwa vier Fünftel der Erde waren mit Wasser bedeckt, und die Delphine waren den anderen Lebewesen im Meer in fast jeder Hinsicht überlegen. In bezug auf die Evolution waren also die

Weichen für einige dramatische und schnelle Veränderungen gestellt.

Die Neuankömmlinge breiteten sich in allen Ozeanen der Welt aus und paßten sich dem Leben in allen Meeren an. Eine neue Tierklasse war entstanden. Es waren die Wale. Sie begründeten die Ordnung jener Tiere, die wir heute Cetaceen nennen.

Heute kann man die Cetaceen oder Wale in zwei verschiedene und getrennte Unterordnungen einteilen. Sie existieren aufgrund der Spezialisierung, die sich durch die Verfolgung unterschiedlicher Nahrungsarten entwickelte. Die eine Gruppe suchte ihre Nahrung unter den Partikeln, die im Wasser schweben. Um sie zu fangen, entwickelten sie riesige Mäuler, die große Mengen Meerwasser aufnehmen konnten und dann die Nahrungspartikel heraussiebten. Eine der ergiebigsten Quellen dieser Nahrungsart ist ein kleines, garnelenähnliches Tier, das in ungeheuren Mengen in den Polarregionen vorkommt.

Die Mäuler der Wale, die eine solche Nahrung zu sich nehmen, sind mit langen Hornplatten umgeben, die mit Borsten überzogen sind. Diese Streifen – man nennt sie Barten – fanden früher eine weitreichende Verwendung: Eine sehr verbreitete war die als Stützstangen in Kleidung, zum Beispiel im Korsett. Heute benutzt man Plastik anstelle der Barten. Die Massen der Barten, welche die Mäuler umgaben, waren wie gigantische Barthaare, und deshalb gab man der Art, die dieses Merkmal hatte, den Namen *Mysteceti* – was wörtlich übersetzt ›Bartenwale‹ heißt.

Kleine Meerestiere ohne Zähne wären gegenüber Angriffen sehr verletzlich. Das mag vielleicht ein Grund sein, daß die Mysteceten sich zu großen Tieren entwickelten, die von Haien wenig zu befürchten hatten, einfach aufgrund ihres großen Umfanges. In der Tat sind die Mysteceten bei weitem die größten Tiere, die jemals auf der Erde gelebt haben, mit dem Blauwal an der Spitze der Größenordnung, der über 30 Meter Länge erreicht und soviel wie 18 Londoner Doppeldecker-Busse wiegt. Interessanterweise ist zu bemerken, daß der größte heute existierende Fisch, der Walhai, der eine Länge von etwa 11 Metern erreicht, auch harmlos für den Menschen ist, denn er ernährt sich auch nur von Plankton.

Die Wale, die sich größere Beute suchten, behielten ihre Zähne und formten eine Unterordnung der Cetaceen, die *Odontoceti,* was ganz einfach ›Zahnwale‹ heißt. Der größte Zahnwal ist der Pottwal, dessen Zähne konisch geformt und etwa 10 cm lang sind. Der kleinste Zahnwal ist der Gemeine Delphin, der eine maximale Länge von etwa 1.80 m hat und kleine, ineinandergreifende, spatelförmige Zähne.

Die Bestimmung, was nun ein Delphin ist und was keiner, kann zu viel Verwirrung führen. Erstens, weil die Klassifikation der Cetaceen kompliziert ist – selbst die Experten auf diesem Gebiet (Taxonomen) sind untereinander anderer Meinung. Zweitens, weil die Amerikaner dazu neigen, alle Delphine ›porpoise‹ (Tümmler) zu nennen. Und drittens, weil es einen Fisch gibt,

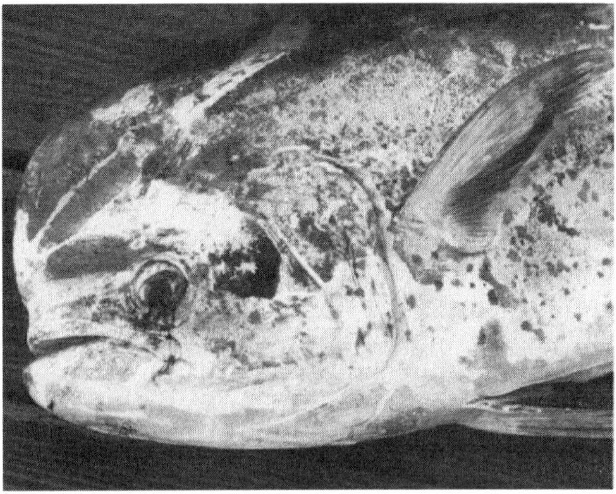

Die Goldmakrele wird auch ›dolphin fish‹ genannt. Es ist ein richtiger Fisch, d. h., er ist Kaltblüter und hat Kiemen, aber sein Name kann eine Menge Verwirrung auslösen – besonders, wenn er als ›dolphin‹ auf der Speisekarte eines Restaurants auftaucht.

der auch ›dolphin‹, oder Goldmakrele, genannt wird und den lateinischen Namen *Coryphaena hippurus* trägt.

In diesem Buch werden wir alle *Odontoceti* (Zahnwale) außer den *Physteridae* (die Familie der Pottwale) und den *Ziphiidae* (die Familie der Schnabelwale) als Delphine betrachten. Übrig bleiben also folgende Familien: *Phocoenidae* (Tümmler oder Schweinswale), *Delphinidae* (Delphine), *Stenidae* (Langschnabeldelphine), die *Plantanistidae* (Flußdelphine), *Monodontidae* (Gründelwale) und *Globicephalidae* (Grindwale).

Ein Großer Tümmler.

Jede dieser Familien ist von einem Taxonomen noch einmal in kleinere Gruppen unterteilt, die man Gattung nennt. Zum Schluß ist jeder Delphin als bestimmte Art klassifiziert. So gehörte Donald, der wilde Delphin, den ich studierte, zur Art *Tursiops truncatus* (allgemeiner Name: ›Atlantischer Großer Tümmler‹). Seine Gattung ist *Tursiops* (Großer Tümmler) aus der Familie der *Delphinidae.*

Wenn das alles zu verwirrend ist, belassen wir es dabei, daß Delphine kleine Wale sind.

3

Delphine der Welt

Wir haben gerade festgestellt, daß die Mitglieder der Delphin-Familie vom 1,50 Meter langen Gemeinen Delphin bis hin zum 9 Meter langen Schwertwal reicht.

Wir wollen uns jetzt einigen Delphinen widmen, die zwischen diesen beiden Extremen liegen. Wir können natürlich nicht alle untersuchen, denn man weiß nicht genau, wieviele es gibt. Einige Arten müssen noch im Detail beschrieben werden, denn niemand hat bis jetzt einen gut erhaltenen Vertreter der Art gesehen. In der Tat sind einige Delphine nur durch das Studium eines einzigen zerfallenen Körpers bekannt. Das Problem liegt natürlich darin, daß die Delphine im Meer leben und es darum schwierig ist, sie zu beobachten, wenn sie leben. Nach dem Tode sinkt ihr Körper und ist verloren. Ab und zu werden die Kadaver an den Strand gespült. Doch die Körper jener Arten, die in tieferen Gewässern leben, werden wohl nicht auf dem Land enden; und weil man mit den Schleppnetzen nicht außerhalb der flachen Kontinentalgewässer fischt, werden die toten Exemplare auch nicht von den Fischern entdeckt.

Die Delphine, die am meisten bekannt sind, gehören zur Art der *Tursiops*. *Tursiops* sind die

Großen Tümmler. Man kann sie in allen gemäßigten und tropischen Ozeanen der Welt antreffen – verschiedene Unterarten bewohnen bestimmte Gebiete. Die Unterart, die um Großbritannien herum schwimmt, gehört zur Art *Tursiops truncatus.* Sie wird bis zu 3,60 Meter lang, und man gab ihr zuerst den Namen ›Bottlenose‹ (Flaschennase), weil der Kopf und der obere Kiefer Ähnlichkeit mit der Form einer früheren Weinflasche hatten.

Ein anderer Delphin, der auch sehr bekannt ist, ist der Gemeine Delphin der Gattung *Delphinus.* Der Gemeine Delphin ist das schönste Tier, das man in Freiheit sehen kann. Die Farbmarkierungen entlang seiner Seite reichen von braun bis gelb und cremefarben. Sie verblassen jedoch nach dem Tode schnell zu einem undefinierbaren Grau.

Die Art, die man im Mittelmeer antraf, *Delphinus delphis,* war bei den antiken Völkern wohlbekannt, und es ist dieser Delphin, der auf klassischen Architekturen und Münzen abgebildet wurde. Eines der farbigsten Bilder wurde im Jahre 1500 v. Chr. gemalt. Es bildete den Teil eines Freskos im Bad der Königin in Knossos auf der Insel Kreta, und man kann es heute noch sehen.

Der Gemeine Delphin ist schlank und wächst zu einer Größe zwischen 1,80 m und 2,40 m heran. Die zwei linsenförmigen, hellen Flächen auf jeder Seite sind bekannt, und sie geben der Gestalt eine Signal-Erscheinung, die man leicht aus der Entfernung erkennen kann. Das schwarze

Der Autor in einem minoischen Tempel in Knossos auf Kreta, wo ein Delphin-Fresko geschaffen wurde, das im Jahre 1500 v. Chr. das Bad der Königin zierte.

Pigment entlang dem Rücken hat einen charakteristischen Umriß, der in den USA zu dem Namen ›saddleback-dolphin‹ (Sattelrückendelphin) führte.

Manchmal trifft man im Mittelmeer große Delphinschulen an; das Meer kann dann dadurch aussehen, als lebte es. Sie sind jedoch nicht nur auf dieses Gebiet beschränkt, sondern man trifft auch in anderen Meeren große Schulen an, wie beispielsweise vor Südafrika und Neuseeland.

Der Schweinswal oder Hafentümmler, wie er manchmal genannt wird, zieht zu bestimmten Jahreszeiten flache Küstengewässer vor. Sie schwimmen in die Gezeitenmündungen der Flüsse hinein, und man begegnet ihnen manchmal sogar weit stromaufwärts. Wenn Schweinswale in der Themse in London gesehen wurden, war das – einem alten Reim zufolge – ein Zeichen für schlechtes Wetter. Obwohl der Schweinswal seltener als in früheren Jahren geworden ist, kann man ihn immer noch in großen Schulen oder Gemeinschaften in den kühleren Küstengewässern der nördlichen Hemisphäre finden. Charakteristisch für den Schweinswal ist sein gewölbter Kopf und die dreieckige Rückenflosse in der Mitte des Rückens. Der Rücken ist schwarz, und das ist gewöhnlich alles, was man von ihnen sehen kann, es sei denn, sie sind in einer verspielten Stimmung. In diesem Fall kann sich der cremefarbene Bauch kurz zeigen, wenn der Delphin aus dem Wasser springt. Schweinswale haben spatelförmige Zähne.

Ein etwas größerer Delphin ist der Dall-Hafenschweinswal *(Phocoenoides),* der gewöhnlich im Nordpazifik zu sehen ist. Er ist leicht zu erkennen durch eine große, eiförmige Fläche auf der Seite direkt unterhalb der Rückenflosse, deren Spitze mitunter auch weiß sein kann. Der Dall-Hafenschweinswal spielt oft in den Bugwellen der Boote. Das mag von der Gewohnheit herrühren, große Wale zu begleiten. Es ist möglich, daß sie schon seit langem wissen, wie sich auf ihren Wanderrouten von Kalifornien und Japan zu den subarktischen Küsten eine leichtere Reisemöglichkeit bietet.

Dieser kleine Schweinswal springt selten ganz aus dem Wasser heraus, wie viele Mitglieder der Delphin-Familie. Wenn er sich mit einer gewissen Geschwindigkeit nahe der Wasseroberfläche dahinbewegt, erscheint das auseinanderspritzende Wasser wie eine Narrenkappe, was oft zu einer Identifizierung führt, noch bevor die charakteristische Schwarz-Weiß-Markierung klar zu erkennen ist. Der Dall-Hafenschweinswal gehört, obwohl er relativ klein ist, wohl zu den schnellsten Cetaceen. Ein Schiffskapitän stoppte einmal die Zeit, die der Dall-Hafenschweinswal brauchte, um sein Schiff zu überholen. Aufgrund seiner Beobachtungen kalkulierte er, daß die Geschwindigkeit des Schweinswals über 30 Knoten betrug.

Wie der Name schon sagt, hat der ›Black Finless Porpoise‹, Schwarzer Flossenloser Delphin oder Indischer Schweinswal *(Neophocaena phocaenoides),* keine Rückenflosse. Es ist eine schlanke, lebhafte Art, die zu einer Länge bis nur 1,50 m heranwächst. Sie ist weit verbreitet und wurde schon 1600 km flußaufwärts im Yangtse in China gesehen. Dem Indischen Schweinswal scheint es nichts auszumachen, ob das Wasser warm oder kalt ist, denn man hat ihn schon vor der japanischen Küste gesichtet, wo die Temperatur eisige 5 Grad Celcius betrug, sowie auch in der Nähe tropischer Gewässer, wo die Temperatur auf 25 Grad klettern kann.

Einige Delphine kann man gelegentlich in Flüssen antreffen, jedoch verbringen sie die meiste Zeit im Meer. Es gibt allerdings eine Delphin-Familie, welche die meiste Zeit ihres Lebens im Süßwasser verbringt. Es sind die ungewöhnlichen Flußdelphine. Der Familienname dieser Süßwasser-Delphine ist *Plantinistidae,* und ihr Charakteristikum ist der lange, schmale Schnabel, den sie zum Sondieren des schlammigen Flußbettes benutzen. In den meisten Flüssen ist es, aufgrund der schwebenden Schlammteile, unmöglich, sehr weit unter Wasser zu sehen. Deshalb haben die Flußdelphine auch wenig Verwendung für das Sehvermögen. Sie sind jedoch Experten im Navigieren und finden ihre Nahrung per Ultraschall. Der Indus-Delphin *(Platanista minor)* ist vollkommen blind und hat nur ein kleines, verkümmertes Auge, das keine Linse besitzt.

Eine ähnliche Art *(Platanista gangetica)* lebt hauptsächlich im schlammigen Ganges und ist oft in Gewässern, in denen die Hindus ihre religiösen Riten vollziehen, anzutreffen, so daß die

Badenden sich manchmal während ihres Gebetes in enger Gesellschaft der Delphine befinden.

Andere Flußdelphine leben im Amazonas in Südamerika und in den großen Flüssen Indiens und Chinas. Der chinesische Flußdelphin *(Lipotes vexillifer)* ist auch unter dem Namen ›White Fin Dolphin‹ bekannt, denn er kann gesichtet werden, wenn die kleine helle Rückenflosse durch die Oberfläche bricht.

Dem Indus-Delphin fehlt die berühmte Rückenflosse, er hat einen Kamm in der Mitte des Rückens. Jedoch hat er, wie die meisten anderen Flußdelphine, relativ große, paddelförmige Seitenflossen, die er zum Tasten entlang des Flußbettes und auch als Gleitfläche zum Steuern benutzt. Die Flußdelphine sind auch, im Gegensatz zu den meisten im Meer lebenden Delphinen, in einem höheren Maße in der Lage, ihren Kopf seitwärts zu bewegen. Das erleichtert ihnen wahrscheinlich den Beutefang im begrenzten Heimatgewässer, wo sie mehr auf Beweglichkeit als auf Geschwindigkeit angewiesen sind, um Fische zu fangen.

Der einzige andere Delphin, der die Fähigkeit hat, den Kopf hin und her zu drehen, lebt in einer vom tropischen Gewässer der Flußdelphine ganz unterschiedlichen Umgebung. Ich rede von zwei sehr einzigartigen Tieren: dem Narwal *(Monodon monoceros)* und dem Beluga oder Weißwal *(Delphinapterus leucas)*. Obwohl die Körper dieser Arten schon an die Strände von Großbritannien gespült wurden, sah man sie trotzdem selten außerhalb der Polarmeere. Sie gehören zur gleichen Familie, und keiner von beiden hat eine Rückenflosse.

Der Narwal ist das einzige natürliche einhörnige Säugetier der Welt, und das war sicher die Inspiration für die Vorstellung des mythologischen Einhorns. Es ist ein furchteinflößendes Mitglied der Delphinfamilie und kann bis zu einer Tonne wiegen. Ein ausgewachsenes Männchen kann bis zu 4,60 m lang werden, den Stoßzahn nicht mitgerechnet, der bei dem ältesten Tier weitere 2,70 m hinzuaddieren kann.

Der hohle Stoßzahn, der in einer engen Spirale gedreht ist, ist ein modifizierter Zahn, der entlang derselben Achse wie der Körper wächst. Er ist sehr hart, und man kann ihn, wie Elfenbein, cremig glänzend polieren. Heutzutage haben Narwal-Stoßzähne Seltenheitswert. Einige Leute haben ihn in modische Spazierstöcke verwandelt; Seeleute und Eskimos beschnitzen sie.

Niemand weiß genau, welchen Vorteil der prächtige Stoßzahn, der nur bei den männlichen Tieren vorkommt, für den Narwal hat. Er hat einen offensichtlichen Nutzen als defensive Waffe, aber zum Aufspießen von Beute wäre er nutzlos, denn der Narwal hat ein relativ kleines Maul und ernährt sich hauptsächlich von Kabeljau und Tintenfisch. Man vermutet, daß der Stoßzahn dazu benutzt wird, ein Loch ins Eis zu bohren, durch das der Narwal dann atmen kann. Obwohl man schon Narwale sah, die ihren Kopf durch das Eis steckten, hat niemand bisher einen beobachtet, der den Stoßzahn als Eis-Meißel benutzte. So bleibt es im Augenblick

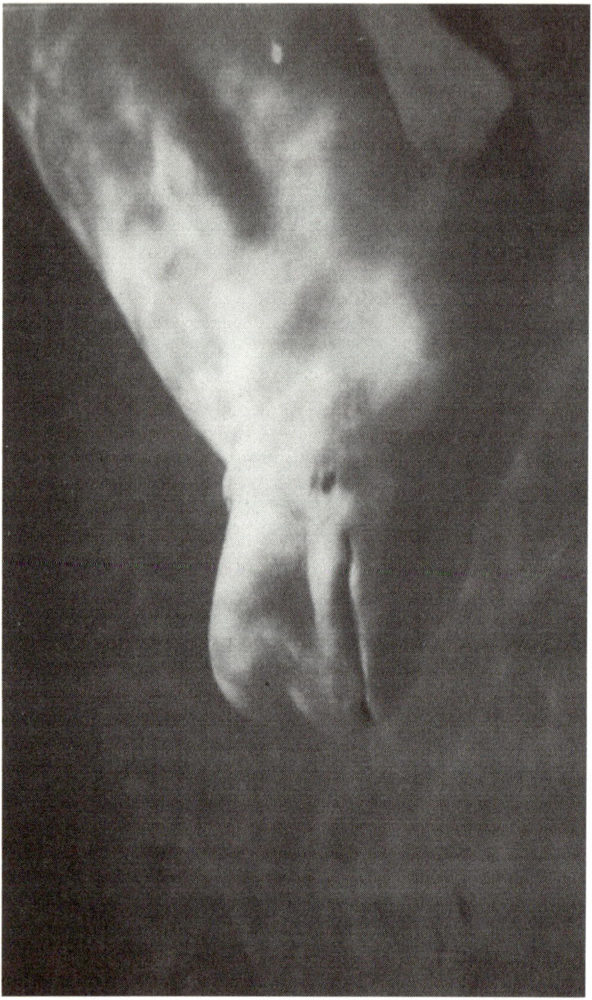

Der Beluga, der die arktischen Gewässer bewohnt, besitzt einen zusätzlichen Wirbel im Nacken, der ihm erlaubt, den Kopf mehr seitwärts zu bewegen, als das bei anderen Delphinen der Fall ist.

noch eines der vielen Geheimnisse des Meeres, welche Funktion der Stoßzahn des Narwals hat.

Der Beluga oder Weißwal bewohnt ebenfalls die Polarmeere, hat allerdings keinen Stoßzahn. Das Kalb ist bei der Geburt graubraun und wird dann, gewöhnlich im zweiten Jahr, blaugrau. Die Farbe der Erwachsenen (creme oder weiß) wird über sechs oder sieben Jahre hinweg graduell angenommen, wobei die Tiere normalerweise eine Länge von 3,70 m bis 4,30 m erreicht haben. Die Farbe dient als Tarnung, wenn sie im Treibeis ruhen. Im offenen Wasser allerdings kann man diese schönen Wale leicht sehen und erkennen, insbesondere wenn sie vor dem Bug eines Schiffes schwimmen. Sie sind verspielt und lebendig. Belugas können ihren Kopf zur Seite drehen, weil die Wirbelsäule im oberen Rückgrat nicht verschmolzen ist wie bei den meisten anderen Delphinen. Aufgrund ihrer Laute nannten die Walfänger sie oft ›Kanarienvögel des Meeres‹. Sie sind sanfte Wesen, die sich von Krebsen und kleinen Fischen ernähren. Manchmal unternehmen sie lange Wanderungen und schwimmen sogar weit flußaufwärts. Ein junger Beluga schwamm im Jahre 1966 den Rhein hinauf durch Holland bis nach Deutschland hinein.

Der Beluga verbringt viel Zeit in der Arktis, wo er eine Öffnung im Eis zum Atmen finden muß. Wie alle wildlebenden Tiere, muß er sehr wachsam sein in dieser rauhen, kargen Region, denn man weiß von Eisbären, daß sie schon an einem Atemloch im Eis warteten. Wenn der Beluga auftaucht, wird er durch einen mächtigen

Hieb der Bärenpranke betäubt. Dann hievt der Bär sein Opfer auf das Eis.

Ein anderer großer Delphin, der kühlere Gewässer bevorzugt, obwohl er es vermeidet, tief in die Arktis oder Antarktis vorzudringen, ist der Pilotwal oder Gewöhnliche Grindwal *(Globicephala melaena),* auf den Orkney-Inseln als ›Caa'ing‹ oder ›Calling-Whale‹ (›Ruf-Wal‹) bekannt. Der erste Name kann auf den Glauben zurückgeführt werden, der besagt, daß der Pilotwal die Fischer zu den Heringsbänken führte. Der zweite Name rührt von der Tatsache her, daß diese Delphine oft eine große Auswahl von Lauten produzieren.

Eine andere Art der Pilotwale *(Globicephala macrorhychus),* die etwas kleiner ist, wird gemeinhin Pazifischer Pilotwal genannt. Er zieht wärmere Gewässer vor, und man findet ihn oftmals in Begleitung von Großen Tümmlern und Pazifischen Weißseitendelphinen. Genauso wie die Pilotwale der kälteren Klimata, geben auch die Pazifischen Pilotwale eine Menge Laute von sich, die man manchmal deutlich über Wasser hören kann.

Der herrlichste Delphin ist der Schwertwal oder Orca *(Orcinus Orca),* der auch den Namen Mörderwal trägt. Er ist der größte unter den typisch delphinförmigen Walen, und die männlichen Tiere können eine Länge von 9 Metern erreichen. In der Wildnis sind die erwachsenen Bullen durch die große Rückenflosse gekennzeichnet, die zwischen 1,50 m und 1,80 m hoch ist und aufrecht wie ein Fahnenmast steht. Die

Rückenflosse des Weibchens ist zurückgebogen und kleiner.

Der Name ›Mörderwal‹ ist ein kontroverser, denn er impliziert eine Bedrohung, und diejenigen, welche diese schönen Tiere studiert haben, ziehen es deshalb vor, sie Orcas zu nennen. Orcas jagen in Rudeln, und man weiß, daß sie sich von Seehunden und kleinen Delphinen ernähren; von einem Angriff auf einen Blauwal wurde ebenfalls schon berichtet*. Beobachter haben bemerkt, daß eine Schule oder eine Gruppe von Orcas sich wie ein Team verhalten, wenn sie jagen. Haben sie es zum Beispiel auf die Seehunde, die auf einem isolierten Felsen ruhen, abgesehen, bewegen sich einige der Orcas zur einen Seite und peitschen das Wasser mit ihren Schwanzflossen, während sie nahe entlang der Küste schwimmen. Das verängstigt die Seehunde, die sich voller Panik auf der anderen Seite des Felsens ins Wasser stürzen, wo die restlichen Orcas ganz still auf der Lauer liegen, nur etwas unterhalb der Wasseroberfläche.

Es wurde auch schon berichtet, daß Orcas an einem Treibeisblock, besetzt mit Männern, gerüttelt hätten, mit dem Versuch, sie ins Wasser zu kippen. Wenn das allerdings wirklich der Fall gewesen war, dann haben die Männer überlebt, um die Geschichte zu erzählen. Gutes Seemannsgarn wie dieses diente oft dazu, die Reputation der ersten Entdecker der arktischen Regionen zu erhöhen, die ohne Zweifel sehr muti-

---

* National Geographic 155 pp. 542 – 545 (April 1979).

ge Männer waren. Die Geschichte wurde jedoch durch drei Fakten von denjenigen in Frage gestellt, die Orcas in Gefangenschaft und in der Wildnis heutzutage studiert haben.

Erstens fressen Orcas hauptsächlich Fisch. Wenn genügend Nahrung vorhanden ist, scheint es dem Wesen der gesamten Delphinfamilie entgegenzulaufen, andere Säugetiere, die nicht ihrer eigenen Art angehören, anzugreifen. Zweitens werden Orcas manchmal von kleinen Delphinen und Tümmlern begleitet, wenn sie als Schulen in der Wildnis schwimmen; die unterschiedlichen Arten scheinen in Harmonie miteinander zu leben und zu schwimmen. Der dritte und signifikanteste Punkt ist, daß kein Mitglied der Delphin-Familie jemals einen Menschen unprovoziert angegriffen hat – soweit wir wissen. In der Tat haben Delphine bei zahlreichen Anlässen das Leben von Menschen in Seenot gerettet.

Es gibt also einen Meinungskonflikt über das Wesen von *Orcinus Orca.* Sollte der Name ›Mörderwal‹ ganz aufgegeben werden? Diejenigen, die diese herrlichen Giganten in Gefangenschaft gesehen haben, werden über ihre Kraft erstaunt sein. Gleichzeitig muß man die Sanftheit bewundern, die sie gegenüber den Menschen um sie herum zeigen. Das ist besonders bemerkenswert, wenn man bedenkt, welche Auswirkungen eine Gefangenschaft in einem kleinen Becken auf ein großes Tier hat, das normalerweise große Distanzen im offenen Meer zurücklegt.

Die hochaufgerichtete Rückenflosse des männlichen Schwertwales macht es leicht, ihn zu identifizieren. Der Orca auf diesem Bild ist größer und schlanker als das Boot, auf dem die Wissenschaftler stehen, die ihn beobachten.

Ein bösartiger Biß eines Orcas könnte einen Menschen beinahe augenblicklich töten. Die Tatsache, daß Taucher oft sicher mit ihnen geschwommen sind, kennzeichnet eine ganz besondere Eigenschaft, die charakteristisch für die gesamte Delphin-Familie ist. Denn alle Delphine scheinen eine besondere Affinität zum Menschen zu haben, und viele Menschen besitzen eine große Liebe zu den Delphinen. Es ist, als gäbe es eine Verbindung zwischen ihnen. Niemand kann genau sagen, was es ist, aber es ist nichtsdestoweniger vorhanden. Ein Teil des Zaubers der Delphine ist das Geheimnisvolle dieser besonderen Verbindung.

4

Das Leben eines Delphins

Delphine sind an das Leben im Wasser ausgezeichnet angepaßt, und das wird vom Moment der Geburt an deutlich. Landsäuger werden normalerweise mit dem Kopf zuerst geboren, Delphine jedoch verlassen die Gebärmutter Schwanz voran. Man nennt das eine Bruchgeburt. Eine Erklärung für einen solchen Eintritt in die Welt findet man in der Tatsache, daß Delphine lungenatmende Säugetiere sind. Ein Kalb braucht Luft zum Atmen, und es würde ertrinken, wenn es Wasser einatmen würde. Wenn also ein Delphin geboren wird, vergeht ein Minimum an Zeit, nachdem der Kopf aus der Mutter auftaucht, bis es die Oberfläche erreicht.

Die späten Stadien der Schwangerschaft werden beim Menschen gewöhnlich durch die zunehmende Größe des Unterleibes sichtbar, und die werdende Mutter wird immer inaktiver. Bei Delphinen ist das nicht so. Während sich der Fötus im Innern entwickelt, behält die Mutter ihre fließenden Linien und zeigt keine Zeichen verminderter Aktivität bis zum Moment der Geburt des Delphinbabys.

Wenn irgendein Säugetier gebiert, müssen innerhalb kürzester Zeit viele Veränderungen in der Mutter wie auch in ihrem Nachwuchs statt-

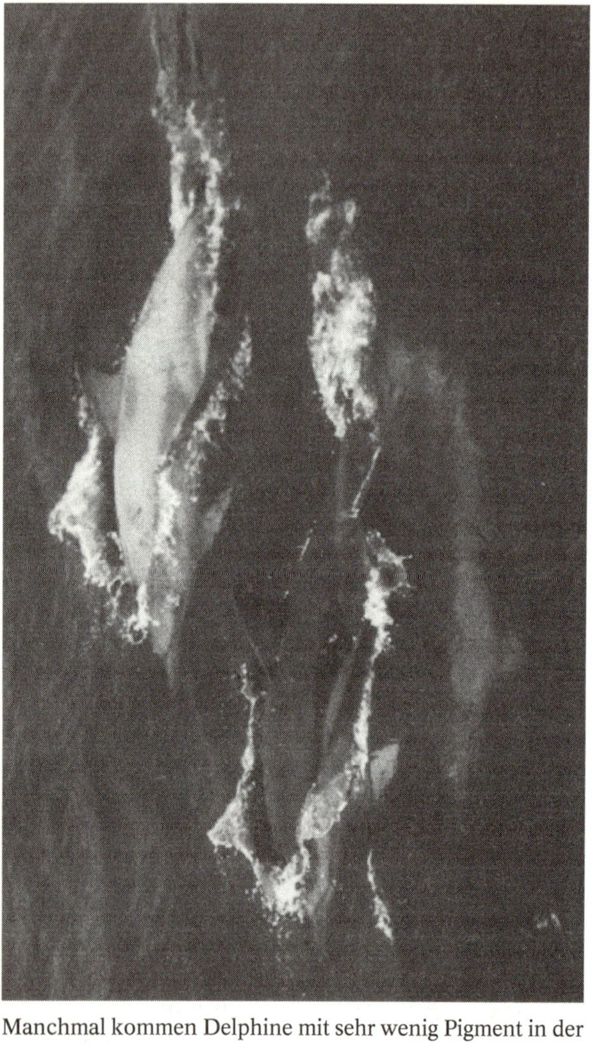

Manchmal kommen Delphine mit sehr wenig Pigment in der Haut zur Welt. Der junge, cremefarbene Albino, ein Gemeiner Delphin, im oberen Teil des Bildes, wurde des öfteren vor Gibraltar gesichtet.

finden. Selbst wenn alles nach Plan verläuft, ist es gewöhnlich doch eine Zeit der Erschöpfung für die Mutter. Zudem kommt manchmal vor, daß Schwierigkeiten auftreten. Aus diesem Grund gehen die meisten westlichen werdenden Mütter ins Krankenhaus, um ihr erstes Kind zu bekommen. Mütter, die ihre Babys zu Hause bekommen, nehmen die Assistenz einer Hebamme zu Hilfe. Die Möglichkeit, in solchen Zeiten eine Unterstützung wie diese in Anspruch zu nehmen, ist einer der Vorteile einer zivilisierten Gesellschaft. Aber es sieht so aus, als ob sich Delphine der gleichen Art fortschrittlichen sozialen Verhaltens erfreuen. Ein weiterer weiblicher Delphin ist gewöhnlich anwesend, um der Mutter durch die schwierige Zeit der Geburt zu helfen. Die ›Delphin-Hebamme‹ verhilft dem Kalb zur Oberfläche, wo es seinen ersten Atemzug nimmt. Sie hält auch irgendwelche neugierigen Männchen in einer respektvollen Entfernung, und abwechselnd vertreibt sie Haie und andere Räuber, die durch das Blut, das bei einer Säugetier-Geburt immer vorhanden ist, angezogen werden.

Der neugeborene Delphin wiegt in der Regel ungefähr fünfzehn Prozent vom Gewicht der Mutter und kann fast halb so lang wie sie sein. Das Kalb ist gut entwickelt und kann von Anbeginn seines Lebens schwimmen. Es bleibt nahe bei der Mutter und ist in kurzer Zeit fähig, mit großer Geschwindigkeit zu schwimmen.

Während der ersten Tage nach der Geburt scheinen die Mutter und das Kalb durch einen unsichtbaren elastischen Faden miteinander verbunden zu sein, denn sie schwimmen in enger Harmonie miteinander und tauchen gleichzeitig auf, um Luft zu holen. Das Kleine wird jedoch bald abenteuerlustiger, verirrt sich dennoch nie zu weit weg vom Schutz der Mutter.

Das Kalb wächst, aufgrund der dicken, nahrhaften Milchnahrung, sehr schnell. Sie enthält mehr Fett und weniger Wasser als die Milch der Landsäugetiere. Wenn das Kalb trinkt, öffnet sich eine Hautfalte an der Unterseite der Mutter, und die Brustwarze tritt hervor. Die Zunge des Kalbes formt eine Röhre, wenn sie während des Saugens gegen den Gaumen gedrückt wird. Die Milch kann so in den Magen fließen, ohne daß Meerwasser hinzutritt.

Das Kalb kann nicht sehr lange trinken, ohne zum Atmen an die Oberfläche auftauchen zu müssen. Deshalb muß das Säugen effektiv und schnell sein. Die Natur hat dieses Problem gelöst, indem sie die Mutter mit einer Röhre versorgt hat, in der sich die Milch sammelt. Die Milch wird in den Rachen des Kalbes gespritzt, wenn es saugt. Wenn das Kalb mit dem Saugen aufhört, wird die Brustwarze in die Hautfalte zurückgezogen, und wieder erhält der Körper der Mutter seine sanfte Linie zurück, die ein Minimum an Widerstand während der Bewegung durch das Wasser bietet.

Während der ersten sechs Monate seines Lebens ernährt sich der junge Delphin ausschließlich von Milch. Danach lernt er, Fische zu fangen und beginnt, sich selbst zu versorgen, während die Menge der Muttermilch langsam abnimmt. Trotzdem kann es sein, daß die Mutter ihr Kalb, mit Unterbrechungen, bis zu achtzehn Monate säugt.

Bis jetzt ist wenig bekannt über das soziale Leben der Delphine in der Wildnis. Zuweilen sieht man einen jungen Delphin in Gesellschaft zweier Erwachsener schwimmen, es ist jedoch noch nicht ganz klar, wie die drei miteinander in Beziehung stehen. Ohne genaue Untersuchung ist es oft schwierig, das Geschlecht eines Delphins zu bestimmen, und so kann es sein, daß einer im Trio der Vater ist, der ein schützendes Auge auf seinen Nachwuchs wirft. Die Dreiergruppe kann einen Teil der Schule formen, die in ihrer Größe täglich oder saisonweise variiert. Manchmal kommt es vor, daß eine Delphinschule für einen längeren Zeitraum in einer bestimmten Region bleibt. Dann wieder kann es sein, daß sie sich mit einer großen Gemeinschaft von Delphinen zusammenschließt und zu neuen Gewässern weiterzieht.

Der junge Delphin ist sein ganzes Leben lang in Bewegung. Wie weit er wandert und wie lange er in den verschiedenen Regionen des Meeres bleibt, wird abhängig sein von der einzelnen Spezies und von der Nahrungsmenge. Wenn es ein Großer Tümmler ist, wird er dazu neigen, einen Teil seiner Zeit in Küstengewässern zu verbringen. Wenn es ein Spinner-Delphin ist, wird er mehr Zeit in tieferen Gewässern zubringen. Manche Delphine, wie dcr Beluga, begrenzen ihre Reisen auf solche Gebiete, in denen das Wasser kühl ist. Andere Delphine – wie der größte von ihnen, der Orca – streifen wahrscheinlich vom Äquator bis zum Pol umher.

Die Jungen werden in den wärmsten jener Gewässer geboren, die von ihrer speziellen Art frequentiert werden. Die Mutter und das Kalb formen einen Teil der Delphin-Schule oder -Herde, wobei die Anzahl der Mitglieder unterschiedlich ist und sie auch aus mehr als nur einer Spezies bestehen kann. Die Kleinen lernen, wie die Mitglieder der Gruppe zusammenarbeiten.

Der Kontakt zwischen der Mutter und dem Nachwuchs ist sehr eng. Wie alle jungen Säuger sind die Delphin-Kälber verspielt, und zuweilen übertreiben sie ihr Spiel. Wenn das passiert, benutzt die Mutter ihre Schwanzflosse, um dem Übeltäter damit einen Klaps zu versetzen. Auch Delphinbabys müssen lernen, wer der Herr ist und einigen Verhaltensregeln zu folgen. Die Delphine sind jedoch sehr liebevoll und fürsorglich, und die Mutter und ihr schnell heranwachsendes Kind schwimmen und spielen zusammen wie zwei enge Freunde.

Wir wissen, daß die größten Wale, die Mysteceten, während eines Teiles des Jahres, verstärkt Nahrung im kalten, planktonreichen Wasser aufnehmen. Diese Nahrung wird als Vorrat in Form von Fett abgelagert und während der langen Wanderungen zu den wärmeren Gewässern ihrer Geburtsstätten verbraucht. Während dieser Periode des Jahres, die sechs Monate dauern kann, nehmen sie, wenn überhaupt, sehr wenig Nahrung zu sich und müssen von ihren Reserven leben.

Für den fischfressenden Delphin steht jedoch immer genügend Nahrung zur Verfügung, und sie fressen wahrscheinlich jeden Tag. Ich sage wahrscheinlich, weil bisher noch niemand in der Lage war, die Freßgewohnheiten eines wilden Delphins während eines ganzen Jahres zu studieren. Ein aktiver, heranwachsender Delphin mag jeden Tag bis zu 15% seines Eigengewichtes in Fisch fressen. Das kann sich bei Erwachsenen bis auf etwa 5% reduzieren. So frißt ein etwa 300 Pfund schwerer erwachsener Delphin ungefähr 15 Pfund Fisch pro Tag.

Man hat Grund anzunehmen, daß die Nahrung der Delphine, wie bei den meisten wilden Tieren, saisonabhängige Variationen bezüglich Menge und Art aufweisen. Die Art der Nahrung unterscheidet sich noch einmal aufgrund des Lebensraumes der verschiedenen Spezies. So fressen die Flußdelphine Süßwasserfische, und einige werden vielleicht im schlammigen Flußbett Bodenlebewesen sondieren, während sich der schnellschwimnmende Gemeine Delphin sowohl von den Schwärmen der pelagialen Fische, die im offenen Meer, nahe der Oberfläche, schwimmen, ernährt, als auch tief hinabtaucht, um die Tintenfische und Laternenfische zu fressen.

Frischer Fisch enthält Vitamine, die notwendig für die Gesundheit eines Delphins sind. Delphine, die in der Gefangenschaft gehalten werden, bekommen Vitamine als Ergänzung zur Nahrung, denn ein gewisser Ernährungswert geht verloren, wenn die Fische getötet und ausgenommen oder gefroren werden. Normalerweise werden sie mit Fisch gefüttert, der aus dem Kühllager kommt. Er ist getaut, wenn er den Delphinen gegeben wird, aber da er nicht gekocht wird, darf nur Fisch von hoher Qualität genommen werden.

Delphine haben drei Abschnitte in ihrem Magen, die denen der Rinder ähneln. Im Magen wird das Fischfleisch teilweise verdaut und von den Knochen gelöst, die wieder herausgewürgt werden, während die weiche Masse weiter durch das enge Gedärm wandert. Fremde Objekte, die in das Delphin-Bassin geworfen werden, können verheerende Auswirkungen haben. Gummibälle, Taschenlampenbatterien, Schlüssel und alle Arten unangenehmer Dinge sind schon bei Obduktionen im Magen eines Delphins gefunden worden.

In der Wildnis arbeiten Delphine manchmal als Team bei der Jagd auf Nahrung. Sie formen eine Reihe und treiben den Fischschwarm gegen eine Klippe. Wenn die Fische alle zusammengetrieben sind und keinen Fluchtweg mehr haben, dann bedienen sich die Delphine an ihrer leichten Mahlzeit.

Der junge Delphin lernt, wie man Fische fängt und sie im Maul so herumdreht, daß sie Kopf voran hinuntergeschluckt werden können; denn Delphine kauen ihre Beute nicht. Sie benutzen ihre Zähne nur zum Fang. Die Zähne sind ungefähr gleich geformt und greifen wie ein lockerer Reißverschluß ineinander.

Delphine ernähren sich nicht ausschließlich

von Fisch. Der gesäugte Delphin findet heraus, wie man den Meeresboden durchstöbert, und bald wird sein Speiseplan durch Tintenfisch, Krebse und sogar kleine Haie ergänzt. Es hängt ab von den einzelnen Arten, wie tief ein Delphin nach Nahrung taucht. Natürlich müssen diejenigen, die im offenen Meer leben, tiefer hinunter als die im flachen Gewässer.

Das Merkmal, welches die höheren Tiere kennzeichnet, ist ein großes Gehirn. Ein Größenvergleich der verschiedenen Gehirnbereiche, von denen man weiß, daß sie für bestimmte Körperfunktionen zuständig sind, kann uns eine Hilfe zu einem größeren Verständnis sein, beim Versuch, einen Einblick in das tägliche Leben eines Delphins zu erhalten. Zum Beispiel spielt der Geruch für einige Tierarten bei der Paarung, der Jagd und dem Überleben eine wichtige Rolle. Bei diesen Arten ist der Bereich des Gehirns, der für diese Funktion zuständig ist, relativ groß. Bei den Delphinen jedoch existiert er so gut wie gar nicht. Man kann daraus den Schluß ziehen, daß Delphine einen sehr schwachen Geruchssinn haben. Das ist nicht sehr erstaunlich, wenn man in Betracht zieht, wie wenig Zeit der Delphin eigentlich in der Luft, die Düfte und Gerüche transportiert, verbringt.

Die Region des Gehirns, die sich mit dem Entschlüsseln und der Analyse von Geräuschen befaßt, ist bei dem Delphin sehr groß. Es wurde oft dargelegt, daß Delphine ›mit Geräuschen sehen‹. Aber wenn wir von dem akustischen Sehen sprechen, ist es schwierig zu verstehen, was es ist, was der Delphin sieht. Wenn Delphine jagen, stoßen sie eine Reihe sehr hochfrequentierter Töne aus und horchen auf den reflektierten Schall oder das Echo. Daher sind sie in der Lage, die Größe eines Fisches und seine Entfernung zu bestimmen. Ein Großteil des Echos kommt von der Schwimmblase – einem luftgefüllten Sack innerhalb des Fisches, mit dem er seinen Auftrieb reguliert. Luft wirft ein anderes Schall-Signal zurück, weil sie eine andere Dichte als der restliche Körper hat. Darum ›sieht‹ der Delphin genauso das Innere wie das Äußere des Fisches. So wird wohl die Information, die im Gehirn des Delphins verarbeitet wird, mehr einer Röntgenaufnahme gleichen als einer Fotografie, die im Licht gemacht wurde.

Die Fähigkeit der Delphine, mit hoher Geschwindigkeit zu schwimmen, gibt ihnen einen offensichtlichen Vorteil beim Jagen. Von einem jungen, 1,60 m langen Weibchen, das im Schwarzen Meer gefangen und dann mit einem Seil um die Schwanzflosse zurück in die schnellschwimmende Schule entlassen wurde, erhielt man einmal die genaue Geschwindigkeit. Ausgehend von der Geschwindigkeit, mit der das Seil weglief, konnte man berechnen, daß ihre Geschwindigkeit 44,35 km/h betrug. Bei Gemeinen Delphinen hat man sogar zwischen 55 und 59 km/h gestoppt, während sie in der Bugwelle von Zerstörern schwammen. Das mag jedoch keine reine Schwimmgeschwindigkeit sein, denn die Delphine werden von den Wellen im Vorderteil des Schiffes mitgeschoben. Trotzdem sind die Gemeinen Delphine die schnellsten aller Cetacea.

Delphine schwimmen mit Auf- und Nieder-Bewegungen ihrer Schwanzflosse, nicht durch seitliche Bewegungen wie Fische. Ihre außergewöhnliche Fähigkeit im Schwimmen ist immer noch irgendwie ein Geheimnis. Die Haut spielt eine bedeutende Rolle, denn es ist dieser Teil, der mit dem Wasser in Kontakt kommt und so Reibung verursacht. Delphine sind nicht mit einer Schicht toter Zellen, wie die menschliche Epidermis, bedeckt. Sie sondern ständig eine ölige Substanz ab, die von der Haut weggeleitet und vom Wasser fortgetragen wird, wobei sich die Reibung im Grenzbereich zwischen dem Wasser und ihrer Haut reduziert. Aufgrund dieser Tatsache fühlt sich die Haut eines Delphins eigenartig an, wenn man sie anfaßt. Sie ist nicht schuppig oder schleimig wie bei einem Fisch. Sie ist nicht so trocken wie bei einem Menschen. Sie ist fest, doch gibt sie beim Anfassen leicht nach, sie ist sehr weich und fühlt sich weder kalt noch warm an.

Unterwasser-Designer haben die Delphine schon beneidet. Denn trotz aller wissenschaftlichen Erkenntnisse können sich die Maschinen, die die gleiche Kraft wie eine Schwanzflosse entwickeln, nicht mit der unglaublichen Geschwindigkeit eines Delphins messen. In der Tat scheinen die Delphine den Gesetzen der Hydrodynamik zuwiderzuhandeln. Und wenn man jemals versucht hat, im Wasser zu paddeln, sogar wenn man Flossen anzieht, dann wird man anzuerkennen wissen, wieviel Rückstoß die Delphine entwickeln, wenn sie hoch in die Luft springen.

Delphine erreichen gewöhnlich mit etwa sieben Jahren ihre Geschlechtsreife, aber es gibt nur wenige Anzeichen von Veränderungen, denn die Organe, die der Fortpflanzung dienen, liegen versteckt. Das Meer ist eine sehr feindliche Umgebung. Jeder Körperteil des Delphins, der hervorsteht, muß sehr hart sein, oder es kann passieren, daß er im Tumult des temperamentvollen Lebens lädiert wird. Außerdem ist es notwendig, die Wärme zu konservieren. So sind die meisten Teile des Tieres mit einer Speckschicht umgeben. Und schließlich verursacht jedes Teil, das ins Wasser hineinragt, Reibung und reduziert so die Geschwindigkeit des Delphins.

Aus diesem Grund sind die Teile des Körpers, die es normalerweise ermöglichen, das Geschlecht eines Tieres zu bestimmen, dem Blick gut entzogen. Das Weibchen ist, wenn ganz ausgewachsen, etwas kleiner als das Männchen und kann farblich etwas weniger auffallend sein.

Eine Art von Delphinen, bei denen Männchen und Weibchen leicht ausgemacht werden können, ist die der Orcas. Das Männchen hat, wenn es ganz erwachsen ist, eine prächtige Rückenflosse, die fast symmetrisch ist und sich bis zu 1,50 m von seinem Rücken aus erhebt. Die Rückenflosse des Weibchens ist viel kleiner und geschwungen.

Delphine engagieren sich sehr während der Paarungsspiele und reiben sich aneinander. Der Penis besteht aus einem elastischen Fasergewebe und kann mit Hilfe des aufrichtenden Penis-Muskels rasch herausschnellen. Während der Paarung wird der empfindliche erigierte Penis für eine relativ kurze Periode des Kontaktes unter Wasser in die Vagina des Weibchens eingeführt. Allgemeine Beobachtungen haben gezeigt, daß die Paarung innerhalb einer Schule wilder Delphine sich ohne feste Regeln vollzieht.

Große Tümmler, die entlang der Atlantikküste Amerikas und Europas leben, gebären zwischen Februar und Mai. Die Paarung erfolgt ebenfalls während dieser Monate, und das bedeutet eine Tragzeit von etwa einem Jahr. Es ist jedoch möglich, daß der Zeitraum der Schwangerschaft aufgrund eines Prozesses, den man verzögerte Einnistung nennt, variiert. Auf diese Art und Weise stellt die Natur sicher, daß die Jungen zur richtigen Zeit des Jahres geboren werden, unabhängig davon, wann die Paarung erfolgt. Das befruchtete Ei wird innerhalb des Weibchens aufbewahrt, lagert sich nicht in der Gebärmutterwand ein und wächst nicht, bis der richtige Zeitpunkt – entsprechend einer Frühjahrsgeburt – erreicht ist.

Während dieser Periode im Mutterleib wird der heranwachsende Fötus mit Nahrung und Sauerstoff durch die Nabelschnur versorgt. Die Schnur reißt im Moment der Geburt, und das neugeborene Kalb sucht seinen Weg instinktiv zur Wasseroberfläche, wo der Kontakt mit der Luft seine Atmung anregt. Delphine gebären nur ein einziges Junges.

In einer ausgewogenen Welt muß für jedes

neugeborene Tier ein anderes sterben. Wenn sie die Gefahren des frühen Lebens und die anderen Bedrohungen im Meer überlebt haben, dann können einige von ihnen bis zu vierzig Jahre leben. Ein Delphin hat nur einen Satz Zähne in seinem Leben, und nach etwa zwanzig Jahren weisen sie Anzeichen des Alterns auf. Bei einem sehr alten Delphin können die Zähne bis auf die Stümpfe abgenutzt sein.

Am Ende seiner Tage entspannt sich das Spritzloch des Delphins. Die Lungen füllen sich mit Wasser, und der Delphin sinkt langsam hinunter in die Tiefen.

◀ Es ist schwer, das Geschlecht der meisten Delphine zu bestimmen, denn die entsprechenden Organe zur Fortpflanzung sind normalerweise verborgen, um den stromlinienförmigen Körper beizubehalten. Ein Schlitz im Bauch in etwa einem Drittel der Strecke vom Schwanz bis zum Kopf macht es möglich, diesen Grossen Tümmler als männlich zu identifizieren.

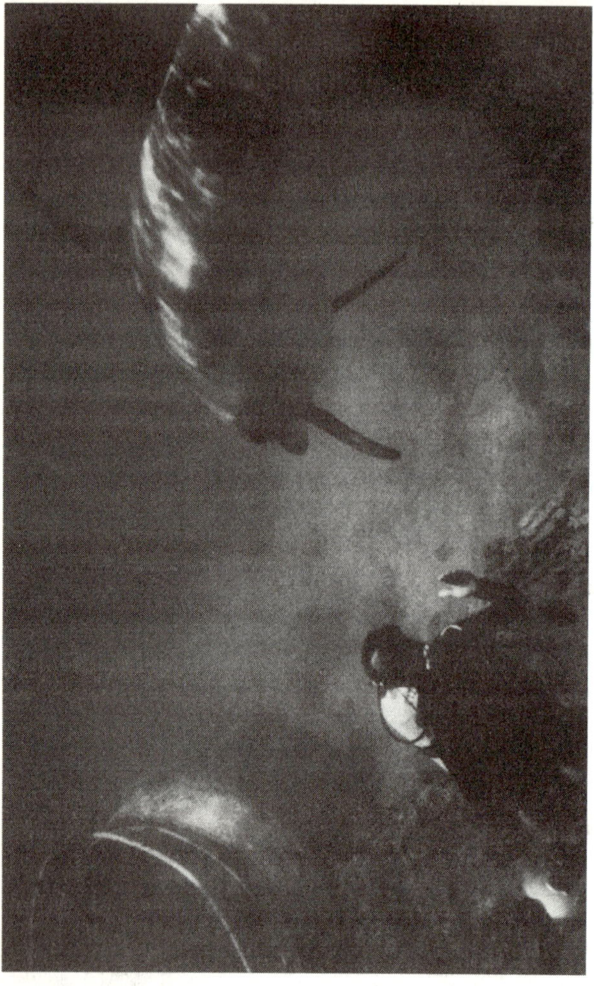

Der Große Tümmler hat ein Gehirn, das etwa die gleiche Größe wie das des Menschen besitzt. Zeigt dieses Bild eine Begegnung zwischen zwei intelligenten Wesen? Zur Zeit gehen die Meinungen der Experten auf diesem Gebiet auseinander.

5

Die Intelligenz der Delphine

Die Frage, wann und wie genau der Mensch auf der Erde erschien, ist noch immer Gegenstand vieler Diskussionen. Das sogenannte fehlende Glied, das den primitiven Menschen mit dem restlichen Stammbaum verbindet, muß immer noch gefunden werden. So auch die fehlenden Glieder, die den heutigen Delphin mit den frühesten lungenatmenden, fischähnlichen Wesen, Archeoceten genannt, verbinden.

Die Wissenschaftler jagen noch immer nach den Fossilien, die ihnen helfen, das komplexe Puzzlespiel der Evolution von Mensch und Delphin zusammenzusetzen. Die Beweisstücke, die bisher zur Verfügung stehen, deuten darauf hin, daß menschenähnliche Wesen seit – in sehr abgerundeten Zahlen – etwa vier Millionen Jahren auf der Erde existieren. Allgemein nimmt man heute an, daß tierisches Leben zuerst im Meer existierte und daß einige Kreaturen dann an Land gingen. Schließlich entwickelten sich einige Tiere, die wir heute Säugetiere nennen, und waren, wie die Reptilien, die zuvor das Land beherrschten, sehr erfolgreich.

Eine Studie über die Entwicklung eines Delphinbabys von der Befruchtung des Eis bis zur Geburt, zusammen mit Analysen der Knochenstruktur des Erwachsenen und anderen Beweisen, lassen uns annehmen, daß die Delphine von Landsäugetieren abstammen. So ist eine der vielen vermuteten Verbindungen zwischen Mensch und Delphin die der gemeinsamen Vorfahren vor vielen Millionen Jahren.

Seit diesen ungewissen prähistorischen Zeiten gab es viele Veränderungen. Eine davon ist, daß die heutigen Delphine im Gewichtsvergleich die Tiere mit dem größten Gehirn im Meer sind. Und der Mensch hat – in Relation zum Körpergewicht – das größte Gehirn an Land. Aufgrund dieser Ähnlichkeit und ihrer gemeinsamen Vorfahren wurde der Delphin oft als der Vetter des Menschen im Meer beschrieben.

Obwohl niemand die Ähnlichkeit im Gewicht des menschlichen und des delphinischen Gehirns bestreitet, gibt es doch eine Menge Diskussionen und Uneinigkeit über eine der Eigenschaften, von denen wir annehmen, daß sie mit der Größe des Gehirns zusammenhängen: die Intelligenz. Obgleich wir zugeben, daß Delphine wonnige und unterhaltsame Kreaturen sind, behaupten einige Wissenschaftler aufgrund der Beweise, die wir bis jetzt haben, daß Delphine auf der Intelligenzskala zusammen mit Hunden und Schimpansen angesiedelt werden sollten. Andere wiederum nehmen an, daß die Delphine ein Intelligenzpotential haben, daß mindestens so groß, wenn nicht größer, wie das des Menschen ist.

Obwohl es merkwürdig erscheinen mag, kann es sein, daß beide Gruppen recht haben. Es hängt davon ab, wie das Wort Intelligenz definiert wird. Wenn Intelligenz in Zusammenhang steht mit der Fähigkeit, etwas zu erfinden, herzustellen und Werkzeuge zu benutzen, dann ist der Mensch dem Delphin zweifellos überlegen. Wenn der Delphin jedoch seine mentalen Fähigkeiten in einer völlig anderen Richtung eingesetzt hat, dann ist der Mensch, der in mechanischen Begriffen denkt, vielleicht gar nicht in der Lage, die Funktion des Geistes eines Delphins zu verstehen.

Die moderne Wissenschaft arbeitet auf der Basis von Beweisen, die in Form von wiederholbaren Experimenten erbracht werden müssen, bevor eine These akzeptiert wird. Deshalb ist alles, was wir in diesem Stadium tun können, die Beweise betrachten und unsere Schlüsse ziehen.

Einer der Gründe, weshalb den Delphinen Intelligenz zugeschrieben wird, ist die Geschwindigkeit, mit der sie in der Gefangenschaft Tricks lernen. Eigentlich werden alle Aktionen, die im Wasserbecken gesehen werden können, von den Delphinen in der Wildnis spontan vollführt. Allerdings reagieren sie sehr schnell und mit größter Genauigkeit auf Anweisungen. Diese werden manchmal mit einem Pfeifen vermittelt – oftmals wird eine Hundepfeife benutzt, und so hört das Publikum keine Geräusche –, aber viel öfter benutzt der Trainer Armsignale. Frank Robson, ein Delphin-Experte in Neuseeland, behauptet, daß er Delphine nur mit Hilfe von Konzentration auf den Trick, den er von ihnen ausgeführt haben wollte, trainierte; mit anderen Worten: mittels

Telepathie. Interessanterweise belohnte er seine Delphine nicht mit Futter; sie führten die Tricks aus, um ihn zufriedenzustellen.

Zwischen den Trainern und den Delphinen in ihrer Obhut entsteht eine sehr enge Beziehung. Alle Trainer, die ich getroffen hatte, liebten ihre Delphine sehr. Wenn ein Delphin sich in einer Show falsch benimmt, so braucht der Trainer ihn nicht zu schlagen oder ihm das Futter zu verweigern. Der Trainer braucht nur seinen Unwillen zu zeigen, indem er oder sie dem Tier den Rücken kehrt und vom Becken weggeht. Der Delphin ist so betroffen, daß er das nächste Mal, wenn das Zeichen gegeben wird, tut, was von ihm erwartet wird.

Aber die Trainer bekommen nicht immer ihren Willen. Es gibt ein paar Anlässe, bei denen die Delphine streiken, meistens geführt von dem dominierenden Delphin im Becken. Wenn einer entscheidet, daß das Team genug getan hat, hört er mit der Vorstellung auf und hindert die anderen daran weiterzumachen.

Es sind solche Situationen und die Art der sich wiederholenden Shows, die vielen Trainern große Sorgen bereitet haben. Sie haben das Gefühl, daß die Delphine hochintelligent sind und daß es moralisch falsch ist, solche Tiere in Gefangenschaft zu halten; so sehr sogar, daß sie sich deshalb gezwungen fühlen, ihren Job aufzukündigen, trotz der Liebe, die sie zu ihren dressierten Partnern empfinden. Zwei Techniker, die mit den Delphinen für wissenschaftliche Versuche in Hawaii arbeiteten, fühlten diesen Drang so stark, daß sie zwei gefangene Delphine ins Meer zurückbrachten. Die Männer wußten, daß sie dabei das Gesetz übertraten und die Konsequenzen tragen mußten.

Es sind zahlreiche Artikel erschienen, die darauf hinweisen, daß Delphine für militärische Zwecke trainiert wurden. Ich habe einen Film gesehen über einen Gewöhnlichen Grindwal, der in einer Testsituation eine Einhakvorrichtung an einen Gefechtskopf auf dem Meeresboden anbrachte. Und ich habe keine Zweifel, daß Versuche gemacht wurden, Delphine in Personen-Abwehrtaktik auszubilden, d.h. gegnerische Taucher anzugreifen. Geschichten über Delphine, die mit großen hypodermischen Nadeln an ihrem Kopf bewaffnet sind, erreichten mich. Die Idee, die hinter dieser gespenstischen Waffe steckt, ist, daß der Delphin den Schwimmer rammt. Kompressierte Luft oder Kohlendioxyd gelangt durch die Nadel und tötet das unglückliche Opfer fast auf der Stelle. Trotz dieser Geschichten habe ich jedoch keine zuverlässigen Beweise, daß solche Vorrichtungen wirklich ausprobiert und getestet wurden – obwohl ich kaum bezweifle, daß eine solche Idee schon einmal in irgendeinem Kopf auftauchte. Was er oder sie dabei vielleicht vergaß, in Betracht zu ziehen, ist, daß Delphine keine aggressiven Tiere im normalen Sinne sind und daß es daher schwierig sein dürfte, sie für Aufgaben zu trainieren, die nicht natürlich sind für sie.

Im übrigen wissen alle Wissenschaftler, die direkt mit Delphinen gearbeitet haben, daß ein

Delphin manchmal ganz willentlich ein Experiment herumdreht und damit ein reproduzierbares Ergebnis vereitelt, das sie von einem Hund, einer Ratte oder sogar von einem Menschen erhalten würden. Ich denke, daß der Grund dafür der gut entwickelte Humor ist, den die Delphine offensichtlich besitzen. Das reicht vom Naßspritzen einer Person, während diese gerade am Becken entlanggeht, bis hin zu übermütigen Späßen von Donald, dem wilden Delphin.

Ich habe einen unbestätigten Bericht, daß Delphine, die darauf trainiert wurden, Napfminen an ein feindliches Schiff zu heften, das neun von zehn Malen taten. Beim zehntenmal hefteten sie die Mine an ihr eigenes Schiff. Aufgrund dessen wurde die Idee, Delphine zum Anbringen von Minen zu benutzen, aufgegeben. Ob es der delphinische Sinn für Humor war oder seine Intelligenz, welche zu diesem Ende führten, daß will ich Ihrer Entscheidung überlassen. Wie auch immer, meine eigene Meinung ist, daß der Mensch – mit seiner ständig vorhandenen Tendenz, sich selbst und andere Lebensformen auf unserem Planeten zu zerstören – nicht versuchen sollte, den Delphin zu korrumpieren und ein Mitlebewesen in einen Mörder zu verwandeln. Vielleicht haben die friedliebenden Delphine gezeigt, daß sie zu intelligent sind, um in eine lebendige Kriegswaffe verwandelt zu werden.

Bevor man eine brillante Idee nicht seinen Mitmenschen vermitteln kann, bekommt man dafür keine Anerkennung. Kommunikation spielt deshalb eine Schlüsselrolle in unserem Verständnis dessen, was in den Köpfen anderer Menschen vor sich geht. Delphine benutzen Laute als Hauptkommunikationsmittel. Aufgrund ihres großen Laut-Spektrums haben sie das Potential, eine große Menge Informationen innerhalb eines sehr kurzen Zeitraums weiterzugeben. Es wurde in der Tat schon angemerkt, daß eine fremde Intelligenz beim Kommunikationsversuch mit dem Leben auf der Erde die Delphine dem Menschen vorziehen würde.

Zahlreiche Versuche, die Sprache der Delphine zu verstehen, sind unternommen worden – bis jetzt ohne Erfolg. Bis wir einen Weg finden, um mit ihnen zu kommunizieren, ob mittels Laute oder anderer Medien, wird die Komplexität ihres Geistes ein Geheimnis bleiben.

6

Von Delphinen gerettet

Es gibt viele Geschichten über Delphine, die Leute gerettet haben. Nicht zufällig handeln sie von Leuten, die ins Meer gefallen sind. Die Geschichten werden häufig von Person zu Person weitergegeben, und es ist schwierig, einen Bericht aus erster Hand zu bekommen. Als ich jedoch in Sierra Leone, an der Westküste Afrikas nahe dem Äquator, filmte, traf ich einen Mann, der mir erzählte, daß sein Vater von einem Delphin im Meer vor dem Tode gerettet wurde.

Der Mann, dessen Name Moses Benga war, brachte mich zu dem Ort, an dem seine Geschichte anfing. Es war ein kleines Dorf, überwiegend aus Lehmhütten bestehend, das Mama Beach hieß. Wir saßen zusammen auf einem umgedrehten Einbaum im Schatten unter den Kokospalmen. Hundert Schritte entfernt holte eine Gruppe von zwanzig Fischern und Fischerinnen ein Netz aus dem Meer ein, im Rhythmus singend, während sie gemeinsam zogen. Die Sonne brannte auf den goldenen Sand. Wir waren umgeben von einer Gruppe großäugiger Kinder, die aufmerksam zuhörten. Denn Moses Benga war sehr gebildet und respektiert in seinem Dorf, weil er einen wichtigen Posten im Sierra-Leone-Touristik-Ministerium in Freetown innehatte.

Moses hatte mir zuvor erklärt, wie sein Großvater, der ein Jäger war, sich nahe jener Stelle, an der wir saßen, niedergelassen hatte und das Dorf Mama Beach gründete. Moses' Vater wuchs in dem Dorf auf. Wie die meisten Dorfbewohner wurde er ein Fischer, als das Wild im dichten Urwald um die Siedlung knapp wurde.

Eines Tages, als Moses fünfzehn Jahre alt war, fuhr sein Vater, dessen Name Zachious Benga war, mit einer Gruppe anderer Einheimischer hinaus aufs Meer, um Tarpon zu fischen. Sein Kanu aus grünem, weichem Holz war erst kürzlich aus einem einzigen Baum gehauen worden. Es trug nur eine Person. Aufgrund seiner einzigartigen Form wurde es Shelro-Kanu genannt, nach dem Stamm der Shelro, zu dem auch die Familie Benga gehörte. Es war ein sehr heißer Tag, und die Gruppe paddelte weit hinaus aufs Meer. Als sie die Fischgründe, viele Kilometer von der Küste entfernt, erreichten, trennten sich die Fischer. Jeder von ihnen hatte die Absicht, den besten Fang zu machen. Sie verteilten sich über den weiten Ozean.

Die Sonne brannte herunter, und Moses' Vater nahm nicht wahr, daß die Hitze das Holz seines neuen Kanus austrocknete. Als der Nachmittag zu Ende ging, starteten die verstreuten Kanus zurück zur Küste, eines nach dem anderen. Moses' Vater war einer der letzten, die die Fischgründe verließen. Er paddelte zurück zur Küste, als es plötzlich krachte; einige Augenblikke später riß das Kanu vom Bug bis zum Heck entzwei. Der Fischer fand sich mit den beiden

Hälften, die neben ihm trieben, im Meer wieder. Es gelang ihm, sich in das größere der beiden Holzteile zu hieven. Während er unsicher balancierte, versuchte er, die Aufmerksamkeit der schwarzen Punkte auf dem Meer, die seine Kameraden auf dem Weg nach Hause darstellten, auf sich zu lenken. Aber die Rufe des alten Mannes verloren sich im Wind, und niemand drehte sich um, um seine Notlage zu sehen. Müde und naß versuchte er zur Küste zu paddeln, doch der Strom trug ihn entlang der Küste und in Richtung offenes Meer. Als die Sonne unterging, konnte er das Land gerade noch als eine dünne Linie am Horizont erkennen.

An Land waren die Dorfbewohner inzwischen in Sorge um den Fischer, der noch nicht nach Hause gekommen war, als die kurze tropische Dämmerung sich in Dunkelheit verwandelte. Im ersten Licht des folgenden Tages gab es noch immer kein Zeichen des alten Mannes oder seines Kanus. War er tot? Die Chancen standen dafür. Solche Zwischenfälle hatte es viele Male zuvor gegeben. Das Fischen in Einbaum-Kanus war ein gefährliches Geschäft; die Haie machten kurzen Prozeß mit jedem, der unglücklicherweise im Meer kenterte.

Doch Moses Vater war nicht tot. Er lag mit dem Bauch auf dem umgestülpten Kiel seines zerbrochenen Bootes. Die Nacht war schwarz, und überall um ihn herum konnte er ein Platschen hören. Er fürchtete sich, denn er dachte an die Haie, die darauf warteten, daß er das Bewußtsein verlieren und ins Wasser fallen würde.

Aber er war entschlossen, ihre Pläne zu durchkreuzen, und zwang sich, wach zu bleiben und sich an sein hölzernes Floß zu klammern. Die Nacht schien kein Ende zu nehmen, und die ganze Zeit über konnte der Fischer das Platschen in seiner Nähe hören. Als das fahle Licht der Morgendämmerung sich endlich über dem Meer ausbreitete, war Moses' Vater erstaunt, daß er noch lebte, und noch mehr erstaunt zu sehen, daß die platschenden Haie um ihn herum gar keine Haie waren, sondern Delphine. Als der Mann erkannte, wer seine Begleiter waren, gab er einen großen Seufzer der Erleichterung von sich. Hoffnung durchflutete ihn. Mit freundlichen Delphinen als Begleitung würde es keine Angriffe von Haien geben.

Als die Sonne hochstieg, umkreisten die Delphine den erschöpften Mann und gaben ihm neuen Lebenswillen. Dann, auf einmal, verschwanden die Delphine, und der Fischer fühlte sich vollkommen allein. Er prüfte das Meer um sich herum. Es gab kein Zeichen irgendeines Kanus. Die Mittagssonne verbrannte seinen Rücken; er wurde schwächer und brauchte Wasser. Als die Sonne tiefer hinunter zum Horizont glitt, trieb er noch immer hoffnungslos umher und wußte, daß seine Überlebenschancen nun sehr klein waren. Er war noch wach genug, um das Sinken der Temperatur zu bemerken, als die Sonne sank, und wieder wurde es Nacht um ihn.

Moses' Vater wußte, daß er nicht wieder zurück auf das Floß käme, wenn er einschlafen und herunterfallen würde. Seine Augen schlossen sich, und gerade, als er in die Bewußtlosigkeit hinüberglitt, wurde er durch das Platsch-Geräusch zurück ins Leben gerufen. Die Delphine waren zurück. Für eine Weile erfüllten sie ihn mit Hoffnung. Er sprach zu ihnen, als sie ihn langsam umkreisten. Er konnte ihr Atmen hören und fühlte sich, als sei er mit Freunden zusammen. Aber wie konnten sie ihm helfen?

Als die Nacht voranschritt, wurde die Müdigkeit des alten Mannes überwältigend, und er begann, wieder in den Schlaf hinüberzugleiten. Aber gerade, als er dabei war, dem Verlangen zu erliegen, gab es ein energisches Platschen um ihn. Er wurde mit Wasser bespritzt und wachte erschrocken auf. Er war sich im klaren darüber, daß die Delphine ihn vor dem Einschlafen warnten. Und die ganze Nacht hindurch behielten sie ihre Wachsamkeit und spritzten ihn naß, wann immer er einzudösen begann.

Schließlich brach die Morgendämmerung wieder an, und Moses' Vater war immer noch am Leben.

Kilometer entfernt, in Mama Beach, machten sich die Fischer fertig für einen weiteren Tag auf dem Meer, und die Familie Benga bereitete den ersten Abschnitt der Trauer vor, der drei Tage nach dem Tod beginnt.

Auf dem Meer wußte der Fischer, kaum noch bei Bewußtsein, daß er keinen weiteren Tag ohne Wasser aushalten würde. Doch er wurde durch die Delphin-Familie getröstet, die ihm Gesellschaft leistete. Als die Sonne hoch am Himmel stand und er sich auf den Tod vorbereitete, verschwanden die Delphine. Doch ihre Gegenwart hatte ihm die Kraft gegeben, sich bis zum Ende an sein Floß zu klammern. Als er in die letzte Bewußtlosigkeit hinübersank, bemerkte Moses' Vater ein neues Geräusch. Es war nicht das Platschen der Delphine, doch das Gemurmel menschlicher Stimmen. Er war zu schwach, um sich zu bewegen. Dann, wie in einem Traum, fühlte er, wie er das Meer verließ und aufwärts trieb. Schwarze Gesichter tauchten aus dem Nebel auf. Leute sprachen zu ihm, doch der alte Mann war nicht in der Lage zu antworten, denn seine Zunge in seinem Rachen war geschwollen.

Die Männer des Fischerbootes, die den Fischer auf den Resten seines umgedrehten Kanus entdeckt hatten, hoben ihn langsam an Bord ihres Bootes und waren überrascht, daß in dem schlaffen Körper noch Leben war. Mit großer Sorgfalt gossen sie Wasser zwischen seine ausgedorrten Lippen und holten in zurück ins Bewußtsein.

Das Fischerboot brachte Zachious Benga zurück zu seinem Hafen Abidjan, wo der alte Mann sich ausruhte und sich von seinem Schicksal zu erholen begann. Es gab keine Möglichkeit, mit seiner Familie im entfernten Mama Beach zu kommunizieren. So ging in seinem Dorf die besondere Zeremonie für den siebten Tag nach dem Tode voran.

Als er kräftig genug war, um zu reisen, brachte man den Fischer in ein Hospital nach Freetown; noch immer konnte kein Wort nach Mama Beach gesandt werden. In der Zwischenzeit hatte Moses' Mutter Nachricht an alle Verwandten, die kontaktet werden konnten, geschickt. Sie erzählte ihnen vom Tod ihres Mannes. Alle wurden im Hause des Verstorbenen für die letzten Zeremonien in Verbindung mit seinem Tod erwartet. In schwarzen Christengemeinden in Sierra Leone findet das vierzig Tage nach dem Tod statt.

Man kann sich die Überraschung vorstellen, als Zachious Benga dreißig Tage, nachdem er als tot aufgegeben worden war, in sein Dorf zurückkehrte. Seine Frau und seine Kinder weinten vor Freude. Als sie hörten, wie die Delphine dem Mann den Lebenswillen gaben, ihn davon abhielten, bewußtlos zu werden, verstanden sie. Denn während der zwei Generationen, in denen das Dorf existierte, hatten die Fischer auf ihren Reisen zu und von den Fischgründen regelmäßig Delphine gesehen. Die Männer lebten sehr eng an der Erde und dem Meer und hatten ein angeborenes Verständnis für die geheimen Kräfte der Natur.

Ein paar Tage später dachte ich, daß ich wohl die Geschichte, die mir Moses erzählt hatte, auf die Probe stellen müsse. Ich fuhr mit einem sehr großen Kanu der Eingeborenen in rauher See mehrere Kilometer weg von Mama Beach. Plötzlich schwappte eine große Welle ins Boot, das sich in einem alarmierenden Winkel zur Seite neigte. Als ich schon davon überzeugt war, daß es umkippen würde, schwankte es und richtete sich wieder auf, bevor die nächste Welle es auf ihre Krone nahm. Von den vielen Reisen, die ich auf dem Meer unternommen habe, kam diese dem Kentern am nächsten. Ich dachte an Moses' Geschichte, als wir das Wasser rausschöpften, und hoffte, daß die Delphine nicht allzuweit weg waren.

Die Geschichte einer ähnlichen Rettungsaktion durch Delphine wurde im November 1988 weltweit in den Medien verbreitet. Zwei Seeleute hatten im stürmischen Meer vor der Küste Indonesiens Schiffbruch erlitten. Nachdem ihr Schiff gesunken war, wurden sie in der Nacht von Delphinen vorangeschubst. Am nächsten Morgen erreichten sie die sichere Insel des Naturreservats von Ujung Kulong. Wieder an Land holten sie sofort Hilfe, und so konnten die Rettungsmannschaften weitere neun Besatzungsmitglieder der *Elphina III* aus dem Meer fischen. Nicht alle, die an Bord des Schiffes waren, wurden gerettet, doch die Überlebenden verdanken ihr Leben den Delphinen.

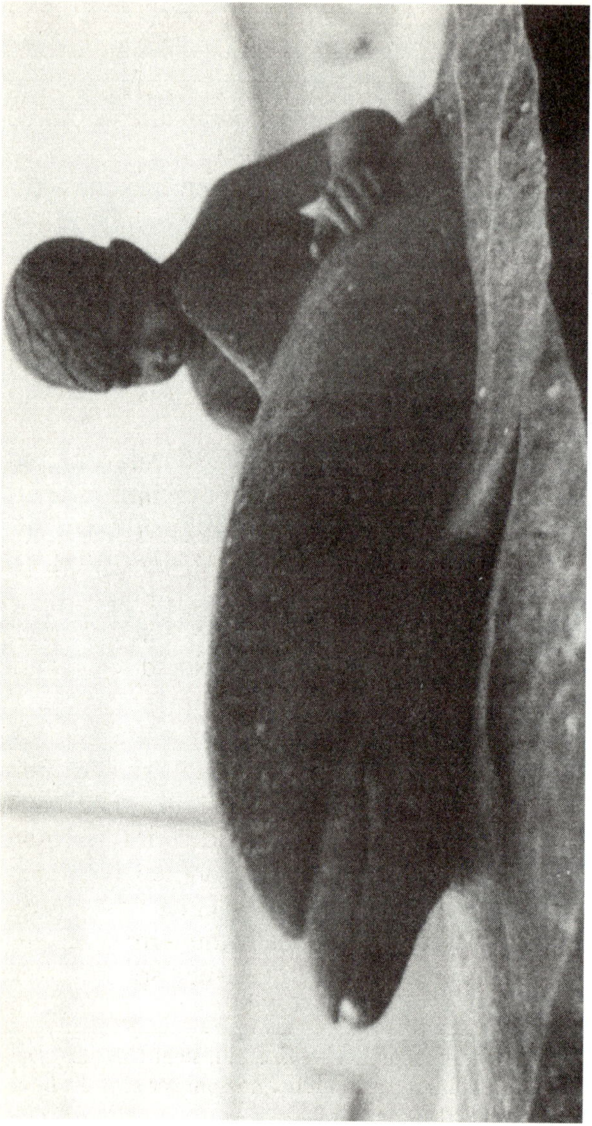

7

Einige berühmte Delphine

Soweit ich weiß, war die Geschichte über die Rettung von Moses Bengas Vater in Sierra Leone, die ich gerade erzählte, nie eine Schlagzeile. Das galt nicht für den Großen Tümmler, der im Jahre 1955 vor der Küste der Nordinsel Neuseelands auftauchte.

Opo war ein junger, weiblicher Delphin, dessen Mutter, so nahm man an, von einem einheimischen Jugendlichen erschossen worden war. Denn als Opo in der Nähe der kleinen Stadtgemeinde Opononi auftauchte (daher der Name Opo), verhielt sie sich so, als suchte sie ein verlorenes Elternteil, schwamm neben den Booten her und schubberte sich an ihnen.

Bald erlaubte sie der Besatzung der kleinen Boote, sie zu berühren. Langsam wurde der Delphin immer mutiger, und am Ende des Jahres schwamm er mit den Badenden im seichten Wasser. Einer von Opos besonderen Freunden war ein dreizehnjähriges Mädchen namens Jill Baker. Jill war eine gute Schwimmerin und wurde manchmal, wenn sie zusammen spielten, von

◀ Diese Statue in Opononi, Neuseeland, stellt Opo, den Delphin, dar, der in einem Strandbad im Sommer 1955 die Besucher verzauberte.

Opo gezogen. Gelegentlich setzte Jill kleine Kinder auf Opos Rücken, und sie wurden zu einem kleinen Delphinritt mitgenommen. Die Geschichte des freundlichen Delphins mit der besonderen Vorliebe für Kinder ging um die gesamte Welt, und Tausende von Menschen kamen, um sie zu sehen.

An Weihnachten 1955 und im Hochsommer Neuseelands kamen die Urlauber und strömten ins Meer, um den berühmten Delphin zu beobachten und zu berühren. Sie waren nicht enttäuscht. Opo lernte, mit einem Ball zu spielen und warf ihn hoch in die Luft mit ihrem Schwanz. Wenn die Menge jubelte, sprang sie ganz aus dem Wasser. Doch Opo gab sich nie ganz ihrem Übermut hin, wenn sie in der Nähe kleiner Kinder war. Sie bewegte sich immer langsam in ihrer Gegenwart, als wolle sie sie nicht in Gefahr bringen. Wenn jedoch eine Person zu grob war und nach ihr griff, signalisierte sie ihren Unmut dadurch, daß sie mit ihrem Schwanz laut auf die Wasseroberfläche schlug. Opo erschien fast jeden Tag, den ganzen idyllischen Sommer hindurch.

Doch einige Leute waren besorgt um die Sicherheit des verspielten Delphins, der ihre Stadt berühmt gemacht hatte. Am 8. März 1956 wurde vom örtlichen Stadtrat ein Gesetz verabschiedet, das Opo beschützen sollte. Am folgenden Tag fand man Opo tot, in Stücke zerrissen und in einer Spalte am Rande eines felsigen Beckens eingezwängt. Sie war von einer Dynamitexplosion getötet worden.

Es ist schwer zu verstehen, warum jemand einen Delphin in Stücke sprengen wollte, aber traurigerweise existieren solche Leute. Ein wildes Tier kann mit zehntausend Menschen sicher spielen, aber so ist die Macht der Menschen, daß es nur eine Sekunde für einen Menschen dauert, um diese Freundschaft zu beenden.

Opo bekam ein öffentliches Begräbnis, und eine Statue wurde von jenen Menschen errichtet, die neun Monate lang den Zauber ihrer Freundschaft und den Frohsinn, den sie in ihr Leben brachte, genossen hatten.

Als ich Neuseeland im Jahre 1981 besuchte, erhielt ich eine Kopie einer der seltenen Filme von Opo. Als ich ihn das erstemal ansah, war ich überrascht und erfreut darüber, wie ähnlich Opo's Verhalten dem von Donald war. Obwohl ich es nicht wußte, als ich ihn das erstemal im Jahre 1974 traf: Donald sollte mein Leben verändern. Ich drehte später einen Fernsehfilm über ihn. So wurden Donalds übermütige Späße von Millionen gesehen, und auch er wurde ein berühmter Delphin. Neuseeland nimmt einen besonderen Platz in der Delphin-Volkskunde ein. Denn ein anderer Delphin suchte sich um die Jahrhundertwende dort sein Zuhause. Er war ein Rundkopfdelphin, und er wurde berühmt durch seine Gewohnheit, die Schiffe durch den Pelorus Sound zu begleiten – eine Strecke im Wasser, die sehr vorsichtige Navigation erforderte von seiten der Kapitäne, die ihre Schiffe von der Nordinsel nach Nelson, auf der Südinsel, dirigierten. Pelorus Jack begann seine Rolle

Die Geschichte vom Gott Dionysos, der Männer in Delphine verwandelte, wird immer noch in Bildform erzählt, wie auf diesem modernen Teller aus Griechenland.

als unbezahlter Lotse im Jahre 1888 und fuhr damit fort bis zum Jahre 1911. Viele Leute kamen, um ihm zuzusehen, wie er die Postdampfer sicher in den Hafen geleitete. Man sagt, daß Pelorus Jack von einem norwegischen Walfangschiff harpuniert wurde, das im April 1912 vor dem Pelorus Sound ankerte, trotz eines besonderen Gesetzes, das verabschiedet wurde, um ihn zu beschützen.

Wie schon gesagt, es ist sehr schwer, das Geschlecht eines Delphins zu bestimmen. Es wurde immer angenommen, daß Pelorus Jack männlich war; doch es gibt eine Chance von 50%, daß dies falsch war. Wenn jemals bewiesen worden wäre, daß der freundliche und hilfsbereite Delphin ein Weibchen war, wäre sie wahrscheinlich als Pelorus Jill bekannt gewesen.

Berichte über Freundschaft zwischen Menschen und wilden Tieren liefern eine Basis für gute Geschichten. Einer der großen Geschichtenerzähler seiner Zeit, vor über zweitausend Jahren, war der Römer Plinius, d. Ä. Eine der Geschichten, mit denen er seine Zuhörer unterhielt, handelte von der Freundschaft eines Bauernjungen und eines Delphins im Mittelmeer. Die Freundschaft begann, als der Junge auf dem Weg zur Schule einen einzelnen Delphin sah. »Simo, Simo«, rief der Junge über das Wasser, und der Delphin reagierte und kam zu ihm. Der Junge bot dem Delphin etwas von seinem Brot an, das dankbar angenommen wurde. Weil der Junge arm war, blieb er wahrscheinlich hungrig, nur um den Delphin zu füttern. Er wurde jedoch für seine Großzügigkeit belohnt. Nicht lange danach wurden die beiden Freunde, und der Delphin trug den Jungen über die Bucht zur Schule. Die Freundschaft zwischen dem einsamen Jungen und Simo dauerte Jahre. Aber dann wurde der Junge krank und starb. Jeden Tag kam der Delphin zum Strand, wo er hoffte, seinen Passagier für den Ritt zur Schule abzuholen. Als der Junge nicht mehr auftauchte, wurde der Delphin immer trauriger. Schließlich fand man den Delphin tot am Strand, und die einheimischen Leu-

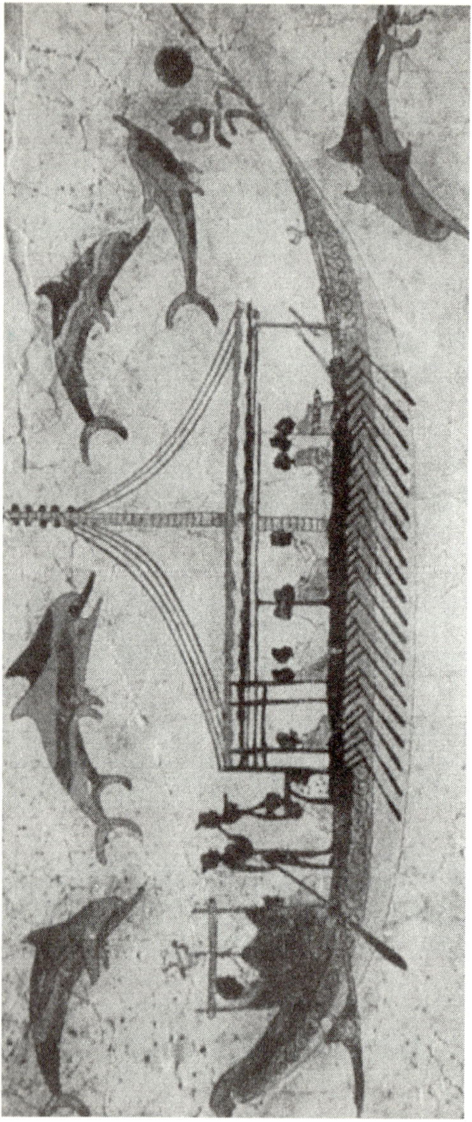

te sagten, daß er vor Kummer über den Verlust seines menschlichen Freundes starb.

Der Mensch war schon immer voller Neugier über den Ursprung des Lebens auf der Erde. Heutzutage wird das Prinzip der Evolution, wie es zuerst von Charles Darwin umrissen wurde, weitgehend akzeptiert. Als jedoch unser gesamtes Wissen noch viel kleiner war als heute, wurden andere Erklärungen gefunden, die der Anwesenheit der Delphine auf der Erde Rechnung trugen. Die Mythen, die erfunden wurden, um dies zu erklären, sind nun Teil unserer Kultur geworden. Aber die Mythen mußten auch Tatsachen, die man kannte, mit einbeziehen, und sie enthielten deshalb Wahrheitselemente. Es ist deshalb interessant, im Hinblick auf die enge Verbundenheit, die viele Menschen heute zwischen Mensch und Delphin sehen, einen Blick auf die Art und Weise zu werfen, mit der die Alten die Ankunft der Delphine auf der Erde erklären.

Eine solche mythologische Geschichte ist auf dem berühmten Becher des Dionysos beschrieben, den man im Museum in München sehen kann. Der Becher stammt aus dem Jahre 540 v. Chr. und zeigt eine gekrönte Figur, die sich in einem delphinförmigen Boot zurücklehnt. Sieben Delphine tanzen um das Schiff, von dessen

---

◀ Dieses Schiff- und Delphinfresko auf der Insel Santorini, das im Jahre 1500 v. Chr. gemalt wurde, ist im Nationalmuseum in Athen rekonstruiert worden, und seine Kopien dekorieren heute viele Wohnungen.

Mast eine Weinrebe voller Trauben sprießt. Der alte griechische Keramiker, der diesen Becher gemacht hatte, benutzte seine künstlerische Fähigkeit, um ein schönes Objekt herzustellen, das sowohl nützlich als auch informativ war. Denn es stellt die Geschichte von Dionysos dar, dem griechischen Gott des Weines, der später bei den Römern Bacchus genannt wurde. Die Legende erzählt, wie sich Dionysos, als Mann verkleidet, auf einer Reise befand, als sich die Seeleute an Bord des Schiffes, auf dem er reiste, entschlossen, ihn als Sklaven zu verkaufen. Weil er der Gott Dionysos war, wurde er dieses Komplottes sofort gewahr und beschloß, der verräterischen Mannschaft eine Lektion zu erteilen. Er erfüllte die Luft mit Flötentönen und ließ Weinreben aus dem Schiff herauswachsen. Als die Ruder, welche die Seeleute benutzten, sich in Schlangen verwandelten, sprang die entsetzte Mannschaft über Bord.

Da sie bemerkten, daß sie sich in der Gesellschaft eines Gottes befanden, waren sie voller Reue. So auch Dionysos, der sie in Delphine verwandelte, um sie vor dem Ertrinken zu bewahren.

Mit einer solchen Erklärung war es für jene in früheren Zeiten möglich zu verstehen, warum Delphine um ihr Boot herum spielten und warum sie manchmal in besonderer Weise reagierten, wenn man sie freundlich behandelte. Gleichzeitig erkannten die Leute unbewußt an, daß es eine besondere Beziehung zwischen Mensch und Delphin gab.

8

Ein Bündnis zerbricht

Als die Weißen anfingen, die Ebenen des mittleren Nordamerikas zu kolonialisieren, waren sie verblüfft über die riesige Anzahl der Büffel, die dort lebten. Die ersten Entdecker, die in den afrikanischen Kontinent reisten, waren ähnlich erstaunt über die Fülle von Wild. Die Anzahl der wilden Tiere war so ungeheuerlich, daß es so schien, als ob nichts, was der Mensch tun konnte, sie ernsthaft gefährden könnte. Wir wissen, wie unrecht sie hatten. Innerhalb weniger Dekaden wurden Millionen von Büffeln geschlachtet, und gigantische Herden herrlicher Tiere wurden an den Rand des Aussterbens gebracht. In Afrika vernichtete die Bevölkerungsexplosion der Schwarzen und Weißen und die Einführung des Gewehrs das meiste Wildleben. Es ist wahr, daß etwas davon jetzt in Wildreservaten erhalten wird. Doch es gibt Leute, die heute noch leben, die erzählen, daß die verbliebenen Tiere dünne Schatten jener Wildtiere sind, die sie früher in ihrer Jugend sahen.

Denn jahrhundertelang vor diesen Ereignissen waren die Tiere und Menschen in Afrika und Nordamerika in ungefährem Gleichgewicht miteinander. Die nordamerikanischen Indianer jagten den Büffel mit einfachen Waffen. Genauso erbeuteten die Stämme in Afrika das Wild. Der Mensch und der Löwe waren Räuber, die an der Spitze eines ausbalancierten Ökosystems standen. Beide jagten nur nach Nahrung. Alles veränderte sich, als das Gewehr erfunden wurde.

Das Land bildet etwa ein Fünftel der Erde; der Rest ist Wasser. Und was bisher schon auf dem Land passierte, findet jetzt auch im Meer statt. Der Mensch beutet es zum Zwecke der kurzfristigen Bereicherung aus, bis hin zur Zerstörung. Wenn eine Art bis zur wirtschaftlichen Ausschöpfung reduziert ist, wendet der Mensch seine Aufmerksamkeit der nächsten zu. Und das Spektrum erstreckt sich von den größten bis zu den kleinsten Meereslebewesen. Der Anchovis-Fang vor Südamerika war der größte der Welt, der jedes Jahr Millionen Tonnen Fisch einbrachte. Immer mehr Schiffe segelten in dieses Gebiet, um immer größere Brocken aus den riesigen Schulen herauszubeißen, bis die Belastung zu groß wurde. Im Jahre 1960 brach der Anchovis-Fang dann plötzlich zusammen.

Eine ähnliche Situation herrschte in der Nordsee, als der Hering überfischt wurde. Doch am traurigsten von allen ist die Dezimierung der gigantischen Wale. Die großen Bartenwale durchstreiften die Meere Millionen von Jahren, trieben friedlich das Plankton mit ihren gigantischen Siebmäulern zusammen. Nun sind viele – einschließlich der größte unter ihnen, der Blauwal – gefährdete Arten. Wenn diese harmlosen Riesen einmal in ihrer Zahl auf ein gewisses Maß reduziert sind, so daß sie sich nicht mehr paaren können, dann wird ein Wunder der Schöpfung, das Millionen von Jahre zur Perfektion brauchte, für immer vom Gesicht der Erde verschwinden. Und unser Planet wird um sie ärmer sein.

Wie alle Lebensformen im Meer, sind auch die Delphine bedroht. In ferner Vergangenheit entwickelte sich eine einzigartige Beziehung zwischen den Delphinen und den Thunfischen. Die Delphine schwammen in großen Schulen nahe der Oberfläche und unterhalb der riesigen Schwärme von Thunfischen in die gleiche Richtung.

Jahrzehntelang haben Fischer von dieser Beziehung gewußt und sie ausgenutzt. Von Orten wie San Diego in Kalifornien fuhren dann Boote mit gesetzten Segeln aus, um nach Delphinschulen zu jagen. Wenn sie inmitten der Delphine waren, warfen die Männer ihre Leinen über Bord. Die Delphine ignorierten die Haken mit den Ködern. Doch nicht so die Thunfische. Bald holten die Fischer Thunfisch mit einem Gewicht von mehr als 45 kg über die Seite ihres Bootes ein, so schnell, wie es ihre Kraft gestattete.

In den fünfziger Jahren veränderten die Amerikaner ihre Technik des Fischens. Anstatt lange Leinen zu benutzen, mit denen der Fischer einen einzigen Fisch fing, eigneten sie sich eine andere Methode an, die auf der Schleppnetz-Technik basierte, die viele Jahre benutzt wurde, um kleine pelagiale Fische zu fangen. Als Folge davon starben unbeabsichtigt Millionen von Delphinen, gefangen im Thunfischnetz.

Im Jahre 1972 wurde in den USA das Marine

Mammal Protection Act* verabschiedet. Es verlangte, daß die Technik des Fischfangs geändert werden sollte, um die Zahl der getöteten Delphine zu senken, aber es ist eine Geschichte, ein Gesetz zu erlassen, und eine andere, seine Einhaltung zu sichern, besonders auf hoher See, schön außer Sichtweite vom Land. Sind die gefangenen Delphine, ob tot oder lebendig, erst wieder einmal zurückgeworfen ins Meer, gibt es keinen Beweis mehr.

Naturschützer hatten schwere Arbeit zu leisten, um sicherzustellen, daß sich die Fischer den Regulierungen fügten. Diejenigen, welche die Sache untersucht haben, nehmen an, daß trotz Veränderungen in der Fischfangmethode, eine bedeutende Anzahl von Delphinen weiterhin sterben wird, solange große Schleppnetze für den Thunfischfang verwendet werden.

Im Pazifischen Ozean sterben die Delphine, weil sie sich – Ironie des Schicksals – mit dem vielgepriesenen Thunfisch zusammentun. In anderen Teilen der Welt sind die Delphine selbst Nahrung für den Menschen.

Im Schwarzen Meer wurden Gemeine Delphine, Schweinswale und Große Tümmler kommerziell gejagt. Als die Jagd mit dem Gewehr und die Schleppnetz-Methode eingeführt wurden, steigerte sich der Fang drastisch. Es wurde geschätzt, daß auf dem Höhepunkt, im Jahre 1938, 147 000 gefangen wurden. Danach ging der Fang zurück. Der Prozentsatz der erwachse-

* Gesetz zum Schutz der Meeressäuger.

nen Männchen ging drastisch zurück. In den frühen Sechzigern reduzierte sich der Fang, trotz verbesserter Techniken, auf 30 000–40 000. Die meisten von ihnen waren trächtige und säugende Weibchen mit ihren Jungen. Die Sowjetunion führte im Jahre 1966 ein Jagdverbot für Delphine ein. Allerdings taten nicht alle Staaten um das Schwarze Meer dasselbe.

Entlang der Izu-Halbinsel wird eine andere Technik benutzt, um Delphine zu fangen. Die Delphine werden in eine kleine Bucht oder einen Fischerhafen getrieben. Dann wird ein Netz vor die Öffnung der Bucht gelegt, und die gefangenen Tiere werden für den menschlichen Konsum geschlachtet. Mehrere verschiedene Arten werden auf diese Weise gefangen, jedoch sind die Fänge, die einmal sogar 10 000 erreichten, am Abnehmen.

Tümmler sind die Beute einer anderen japanischen Fischerei-Organisation in der Iware-Präfektur. Etwa 10 000 werden zwischen Februar und Mai mit der Handharpune getötet, dann, wenn die Fischer nicht Thunfisch oder andere Fische fangen.

Vor der japanischen Insel Iki wurde Ende der siebziger Jahre eine große Anzahl von Delphinen getötet, nicht als Nahrung, sondern weil sie Fisch fraßen. Als die Fischpopulation herabsank, sahen die Fischer damit die Quelle ihres Lebensunterhaltes verschwinden, und sie versuchten, das Problem zu lösen, indem sie die Delphine vernichteten. Als Folge davon trieben die Fischer die Delphine jeden Februar, wenn die wandernden Schulen durch ihre Gewässer zogen, in eine Bucht, wo sie weiter an Land getrieben und mit Lanzen abgeschlachtet wurden. Als ein Film von diesem Delphingemetzel im Fernsehen gezeigt und in der Presse veröffentlicht wurde, waren viele Menschen entsetzt von dem, was sie sahen und lasen. Weite Proteste wurden laut. Eine große Anzahl von Petitionen, die Tausende von Unterschriften trugen, wurden den japanischen Botschaften in aller Welt zugesandt. Im Jahre 1982 beugte sich die Regierung dem Druck und verlangte von den Fischern, daß sie ihre jährliche Dezimierung einstellen.

Es wird nichts Positives erreicht werden, wenn wir Groll hegen gegen diese japanischen Fischer, für die es immer härter wird, sich von der einzigen Methode, die sie kennen, zu ernäh ren. Wir sollten Verständnis für ihre Notlage aufbringen und den Behörden helfen, sie umzuschulen und eine alternative Beschäftigung zu finden. Solche Veränderungen sind immer schwierig herbeizuführen, denn sie können Härten und seelische Qualen auslösen. Doch sie mußten auch in anderen Gebieten der Welt stattfinden, wie im Hafen von Hull in England, wo es mit der Fischfangindustrie, die einmal Tausende direkt und viele mehr indirekt beschäftigt hatte, bergab ging. Das Resultat ist, daß nun eine ehemals wohlhabende und eng verflochtene Fischergemeinde fast ganz verschwunden ist.

Das Delphin-Massaker bei Iki ist ein Symptom der Krankheit, die alle Weltmeere bedroht:

das Überfischen durch den Menschen. Die Krankheit entstand durch die Tatsache, daß fast jedes Land der Welt das Meer als eine Proteinquelle betrachtet. Es ist schwierig genug, Gesetze zu erlassen, welche die Aktivitäten einer kleinen Ländergruppe regeln, die geografisch so eng zusammenliegt wie die Europäische Gemeinschaft. Der Versuch, den Fischfang auf weltweiter Basis zu kontrollieren, ist eine fast unmögliche Aufgabe.

So ist das Ernten im Meer zu einem allgemeinen Wettkampf geworden, wobei der Löwenanteil jenen zufällt, die bereit sind, in riesige Fangschiffe mit den neuesten technologischen Hilfen zu investieren. Nationen, die es fertigbringen, Männer auf den Mond zu befördern, können ebenso die Meere von ihren natürlichen Lebewesen, den Delphinen eingeschlossen, befreien.

Über einen Zeitraum von Millionen von Jahren hinweg pendelte sich das Gleichgewicht der Weltmeere ein. In letzter Zeit, relativ zur Evolution, hat der Mensch das Gleichgewicht vollkommen gestört. Nur die Zeit wird zeigen, ob wir das Meer unwiederbringlich verändern werden, so wie wir es mit dem Land gemacht haben. Wenn wir das tun, dann zerbrechen wir ein magisches Bündnis, das zwischen Delphin und Mensch seit der minoischen Kultur im Jahre 1500 v. Chr. und wahrscheinlich schon davor zu existieren scheint.

9

Projekte um Delphine

Es ist immer ein großer Augenblick auf einem Boot, wenn Delphine gesichtet werden. Manchmal kommen sie von weit her und springen, während sie sich voranbewegen, aus dem Wasser. Wenn das passiert, halten sie gewöhnlich direkt auf das vordere Ende des Schiffes zu und pendeln von Seite zu Seite, während sie von der Bugwelle vorangeschoben werden. Oft springen sie aus dem Wasser und führen eine unvergeßliche Show voller fröhlicher Kunstflüge vor.

Einige Seeleute haben gemerkt, daß sie Delphine anlocken können. Ein Skipper eines kleines Segelbootes hat zu diesem Zweck eine sehr große Stimmgabel an Bord. Wenn er seinen Delphin sieht, schlägt er die Stimmgabel an und bringt sie in Kontakt mit dem Rumpf. So werden Töne ins Wasser übertragen, die der Delphin dann untersuchen kommt. Ein anderer enthusiastischer Segler entdeckte, daß die Laute seiner singenden Kinder eine Schule von Delphinen anzog, als er und seine Familie vor dem Riff im Moray Firth in Schottland herumkreuzten.

◀ Ein Gemeiner Delphin springt voller Freude aus dem Wasser. Anblicke wie dieser haben den Seglern seit Jahrhunderten Freude gebracht.

Traurigerweise wird jedoch das Sichten von Delphinen um die Küsten Großbritanniens immer seltener. Wenn man in den frühen Anfängen unseres Jahrhunderts in einem der britischen Seebäder Urlaub machte, war es möglich, daß man während des Aufenthaltes Delphine oder Tümmler im Meer spielen sah. Heutzutage, von einigen außergewöhnlichen Orten abgesehen, könnte man sich sehr glücklich schätzen, wenn das gleiche passierte.

Warum sind die Delphine verschwunden?

Das ist eine der Fragen, die ich mir stellte, wenn Leute mir von der Freude erzählten, die sie empfanden, wenn sie Delphine sahen.

Mit der Absicht, mehr Licht in die Sache zu bringen, baute ich im Jahre 1978 ein Forschungsprogramm auf, um das Wissen über und das Verständnis für Delphine zu vergrößern. Ich nannte es ›International Dolphin Watch‹*. Ich zählte viele Punkte auf, von denen ich glaubte, daß sie untersucht werden müssen. Aber je mehr Informationen ich über Delphine entdeckte, desto mehr unbeantwortbare Fragen fand ich:

Wie viele Delphine leben im Meer?
Was machen sie im Meer?
Woher kommen sie?
Wohin bewegen sie sich?
Wo gebären sie ihre Jungen?

Als ich diese Fragen einer der führenden Autoritäten in der Welt auf dem Gebiet der Cetaceen,

---

* Internationale Delphin-Wache.

Professor Richard Harrison, an der Universität von Cambridge stellte, sagte er ganz einfach: »Niemand weiß es.«

Es war ziemlich viel bekannt über die Anatomie der Delphine und wie sie Laute benutzten, um ihre Beute unter Wasser zu orten etc., aber es waren sehr wenig Informationen über ihr tagtägliches Leben im Meer zusammengetragen worden. Ich war über eines von vielen großen Geheimnissen der Natur gestolpert.

Ich beschloß, den Versuch zu machen, wenigstens einige der Antworten zu finden. Was ich dazu brauchte, waren Tausende von Augenpaaren, die aufpaßten und Notizen machten. Als Naturschutz-Beauftragter des ›British Sub-Aqua Clubs‹*, hatte ich die Geburt der ›Underwater Conservation Society‹** miterlebt. Hunderte von Amateurtauchern wurden die ›Unterwasser-Augen‹ für einige wenige spezialisierte Meeresbiologen.

Die Informationen, die gesammelt wurden, waren detailliert und verständlich. Die Wissenschaftler waren hocherfreut und die Taucher begeistert. Als einzelner gab es wenig Hoffnung, etwas zum Wissen über das Meer beizutragen; jedoch als Gruppe konnten sie einen wertvollen Beitrag leisten.

Konnte ich dasselbe Prinzip anwenden, um die Geheimnisse der Delphine in der Wildnis zu lösen? Als ich Prof. Harrison von dieser Idee er-

---

* Britischer Taucher-Club.

** Unterwasser-Naturschutz-Gesellschaft.

Die Form und die Linien der Bewegungen von Delphinen haben eine Grazie und Schönheit, die flüchtig sind, es sei denn, sie werden von einem Künstler eingefangen und räumlich und zeitlich eingefroren, wie bei dieser modernen griechischen Skulptur.

zählte, sagte er, daß es ihm Freude bereiten würde mitzumachen. Und so war das Delphin-Beobachtungs-Projekt ›International Dolphin Watch‹ geboren.

In enger Zusammenarbeit mit Denis McBrearty, der für einige Zeit Daten von Sichtungen der Royal Air Force Air-Sea-Rescue Service*-Einsätzen und von Fischkuttern gesammelt hatte und der mit Prof. Harrison seit einigen Jahren zusammenarbeitete, erstellten wir eine Identifikationskarte und ein Sichtungsbuch für Delphine. Das

* Luft-Wasser-Rettungsservice der Royal Air Force.

war das Werkzeug, mit dem wir unsere freiwilligen Delphin-Beobachter ausrüsteten. Alles, was sie danach noch brauchten, war Glück und der richtige Ort zur richtigen Zeit.

Die Hauptfragen, die wir ihnen zum Beantworten gaben, waren: Wann? Wo? Wieviele? Wie groß? Und Was tun sie? Wir hofften, daß sie mit einiger Übung in der Lage sein würden, die verschiedenen Arten von Delphinen zu unterscheiden.

Das Delphin-Beobachtungs-Projekt war von Anfang an ein großer Erfolg. Die meisten Sichtungen kamen von jenen, die auf dem Meer arbeiteten, wie Schiffsmannschaften und Männer in der Takelage. Passagiere auf Kreuzfahrten und Mitglieder von Yachtclubs füllten ebenfalls die Berichtsformulare aus, einige Leute auf langen Fahrten führten besondere Delphin-Logbücher, in denen sie ihre Sichtungen festhielten. Wie das tägliche Logbuch, das von dem Kapitän eines Schiffes geführt wird, so wurde auch in das Delphin-Logbuch regelmäßig eingetragen. Alle gesammelten Daten wurden von einem Computer festgehalten und analysiert. Und so begann ein Bild von der Delphin-Population um die gesamte Erde zu entstehen.

Ich hoffe, daß das Delphin-Beobachtungs-Projekt weiterhin die Situation der Delphine auch in den vielen kommenden Jahren widerspiegeln wird. Wenn Sie also in der glücklichen Lage sind, Delphine zu sichten, und wenn Sie Ihre Beobachtung vor Ort genauestens festhalten möchten, wäre das Delphin-Beobachtungs-

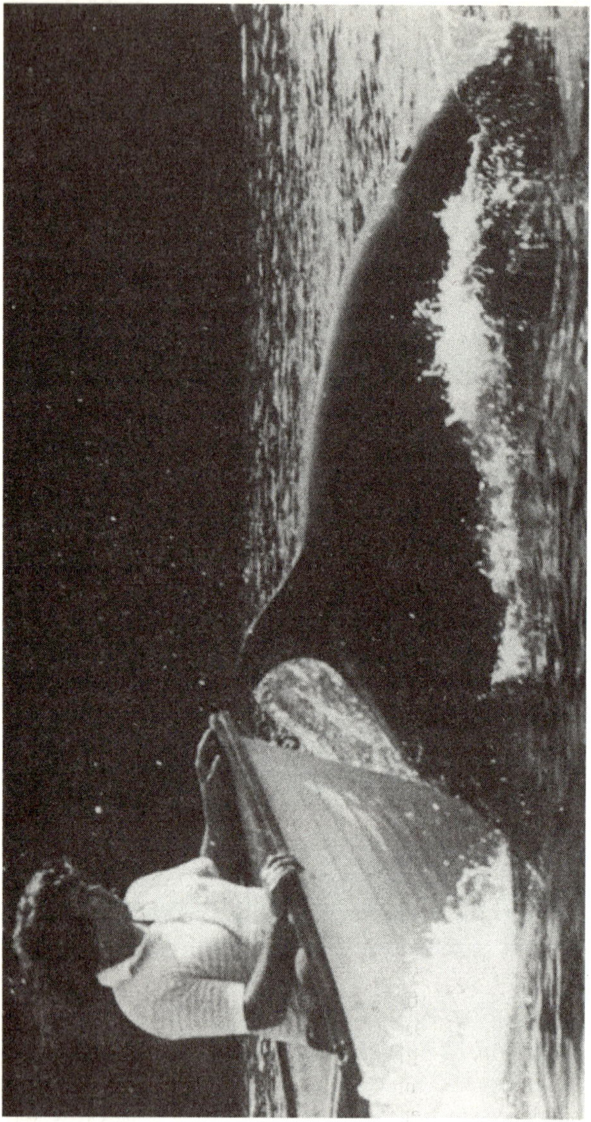

Projekt erfreut, Ihre Information entgegenzunehmen. Wenn möglich, sollten Sie die Delphine/den Delphin skizzieren oder fotografieren und den gesamten Bericht schicken an:

Mr. Denis McBrearty, Dolphin Survey Project, Department of Anatomy, University of Cambridge, Downing Street, Cambridge CB2 3DY, England. Telefon: 0223 68665.

Nachdem ich die International Dolphin Watch gegründet hatte, wurde mir bald klar, daß die Anzahl der Delphine nicht nur um Großbritannien, sondern auch in vielen anderen Erdteilen zurückging. In manchen Fällen konnte der Grund deutlich erkannt werden. Ich habe einige davon in meinem Buch ›*Save the Dolphins*‹ ausgeführt. Nach öffentlichen Vorträgen und nachdem ich meine Filme in Europa und fernen Ländern wie Südafrika, Neuseeland und Australien und den USA gezeigt hatte, kamen viele Menschen zu mir und drückten ihre Sorge um die Zukunft der Delphine aus und wollten helfen.

Als Folge davon wurde im Jahre 1981 der In-

---

* Club der Unterstützer der International Dolphin Watch.

◀ Ein freundlicher wilder Delphin namens Percy vor dem cornischen Dorf Portreath. Bob Holbron, der empfindsam auf die Launen des Delphins reagierte, nahm viele Besucher in seinem Boot mit hinaus, damit sie selbst die Verzauberung einer Begegnung mit einem wilden Delphin im offenen Meer miterleben konnten.

ternational Dolphin Watch Supporters Club* gegründet. Eines seiner Ziele war die aktive Arbeit zum Schutz der Delphine, zum Beispiel den seltenen Indus-Delphin vor der Ausrottung zu bewahren.

Ein anderes Ziel war es, Forschungsprojekte zu finanzieren. Es war beabsichtigt, daß sie hauptsächlich aus Beobachtungen an wilden Delphinen bestanden, die frei im Meer lebten. Wir schlugen ebenfalls vor, die Mitglieder des Supporters Clubs zu informieren über das, was in der Delphin-Welt passierte, indem wir ihnen regelmäßig Informationsblätter schickten.

Wenn Sie mehr Details über den International Supporters Club wissen wollen, der inzwischen Zweigstellen in mehreren Ländern hat, wenden Sie sich bitte an das Sekretariat:

International Dolphin Watch, North Ferriby, Humberside HU 14 3ET, England.

Das aktuellste Projekt von *International Dolphin Watch* heißt: ›Operation Sunflower‹ (Operation Sonnenblume). Es ist aus dem Glauben heraus entstanden, daß die Natur Heilung für alle menschlichen Leiden bereithält, wenn man nur den Schlüssel kennt. So kommt zum Bei-

---

◀ Regelmäßige Boot-Trips werden vom Sheppards Bootshafen unternommen, um viele Besucher an Delphin-Safaris teilnehmen zu lassen. Die Passagiere können an Deck liegen und die Delphine, die zum Spielen zwischen die Rümpfe des Katamarans kommen, berühren. Der Skipper, Mike Lawrence, hegt eine besondere Liebe zu Delphinen und weiß besonders viel über sie.

spiel Aspirin in der Rinde des Weidenbaumes vor, und der grüne Schimmel, der auf Brot und Käse wächst, enthält das antibiotische Penicillin, das zahllose Menschenleben gerettet hat. Es ist nicht zu leugnen, daß Delphine einen positiven Einfluß auf die menschliche Seele haben. ›Operation Sunflower‹ beschäftigt sich mit der Möglichkeit, diese spezielle magische Fähigkeit der Delphine zu nutzen, um Menschen zu helfen, die unter Depressionen leiden.

Wir alle kennen diese Tage, an denen wir in einem Tief stecken. Die meisten von uns kommen aus der miesen Stimmung wieder heraus und sind danach einigermaßen glücklich. Aber es gibt Menschen, die das nicht können und die verschiedene andere Symptome haben. Die meisten ziehen sich in sich selbst zurück, werden stumpfsinnig und kommunizieren nicht mehr. Sie sind nicht selten hochintelligente Menschen, die dem Druck in unserer materialistischen Welt nicht mehr standhalten können. Es gibt Schätzungen, die besagen, daß in den kommenden Jahren einer von zehn Menschen mindestens einmal im Leben psychotherapeutische Hilfe in Anspruch nehmen wird.

Delphine besitzen nichts, sie brauchen auch keine Häuser zum Leben. In der Delphinwelt gibt es kein Geld und keinen Grund für Gier und Neid. Der Druck, es unbedingt mit Müllers von nebenan aufnehmen zu müssen, existiert nicht. Die Delphine scheinen immer glücklich und zufrieden zu sein mit ihrem Leben, egal wie die Umstände auch sein mögen. Es kann sein, daß

Simo, ein freundlicher wilder Delphin vor der Küste von Wales, hatte viele Besucher, darunter Carola Hepp.

es dieses Verhalten ist, das auf die Menschen, die mit ihnen zusammenkommen, ansteckend wirkt. Was immer es auch sein mag, wir fühlen uns rundherum gut, wenn wir den Delphinen zuschauen oder mit ihnen zusammen sind.

Im Jahre 1986 sprach ich bei einer Filmvorführung von dieser Eigenschaft der Delphine. Ich zeigte einen Film in dem kleinen Fischerdorf Solva in Wales. Zu dieser Zeit drehte ich dort den Film *Bewitched by a Dolphin.* Nach der Vorführung fragte mich ein Mann, ob ich ihn mal mit hinaus zu dem Delphin nehmen könnte, er wolle gerne den wilden Delphin Simo, den wir dort filmten, sehen. Der Name des Mannes war Bill Bowell, und ich erfuhr, daß er seit 12 Jahren nicht mehr arbeiten konnte, denn er litt unter einer chronischen Depression.

Wie die meisten Delphine, liebte auch Simo das Spiel mit den Booten und sprang oft hoch, wenn er bei ihnen war.

Simo, ein freundlicher wilder Delphin, beobachtet von Urlaubern und gefilmt vom HTV-Team.

»Hast du heute schon einen wilden Delphin geküßt?« Carola Hepp mit Simo vor der Küste von Wales.

Simo zeigt einem ganz besonderen menschlichen Freund seine Zähne. Trotzdem sollten wir alle daran denken, daß Delphine kein Kuschelspielzeug sind, und wir sollten sie mit Respekt behandeln.

Er war schon oft behandelt worden, aber auch die moderne Medizin konnte ihm nicht helfen. Vielleicht konnte es ja Simo, der Delphin? Es würde sicher nicht schaden, Bill einfach mit zum Delphin hinauszunehmen. So sagte ich zu.

Am nächsten Tag stieg Bill mit seinen 52 Jahren und einem meiner alten Neoprenanzüge zu Simo ins Wasser. Diese Begegnung veränderte sein Leben. Tricia Kirkman, die mit mir an diesem Film über Simo arbeitete, kommentierte das so: »Bill ist ja aufgeblüht wie eine Sonnenblume!« Daraufhin beschloß ich, die Wirkung, die Delphine auf Depressive haben, zu untersuchen. Und auf diese Weise wurde das Projekt ›Operation Sunflower‹ geboren. Der erste große Schritt in diesem Projekt erfolgte 1987, als drei Menschen mit verschiedenen Formen von Depression nach Dingle in Irland mitkamen, um Kontakt mit einem wilden, freundlichen Delphin aufzunehmen. Er wurde manchmal Dorad und manchmal Funghi genannt. Eine der drei, die den Delphin trafen, war die zwanzigjährige Studentin Jemima, die an Anorexia nervosa (Magersucht) litt. Sie war sehr hübsch, wog aber nur 41 Kilo, denn sie konnte kein normales Essen zu sich nehmen. Neal war unser zweiter Fall. Er war 24 Jahre alt und arbeitete in einem Labor. Manchmal verfiel sein Körper in eine regelrechte Starre, und er konnte z. B. morgens nicht aus dem Bett steigen oder seine Schuhe zubinden, denn er fühlte sich von Leuten angegriffen und verfolgt. Die dritte Person war Bill Bowell, der schon den Delphin Simo vor Solva getroffen hatte.

Wir verfolgten mit der Kamera die Auswirkungen, die der Kontakt mit dem Delphin auf die drei Menschen hatte, und auch, wie der Delphin auf sie reagierte. Ein Jahr später kamen wir noch einmal nach Dingle zurück, um den Film *The Dolphins Touch* für die TV-Serie *The Human Factor zu* beenden.

Es wäre unmöglich, alle Menschen, die psychotherapeutische Hilfe bräuchten, mit dem Delphin zusammenzubringen. Deshalb war für uns die nächste Überlegung, wie wir die Delphine in die psychiatrischen Kliniken bringen können. Natürlich nicht körperlich, sondern mittels Video-Aufnahmen. Oder mit Musik. Musik kann unsere Gefühle beeinflussen, und wir brauchen trotzdem keinen Musiker im Umkreis von 100 km für unser Experiment.

Wir können die magische, gefühlsverändernde Kraft der Musik auf CD oder Kassette einfangen, sie wiedergeben und mit Hilfe der modernen Mikrochip-Technik sogar verändern. Nur die Zukunft wird zeigen, ob etwas Ähnliches auch mit der magischen, positiven Kraft der Delphine getan werden kann. Was aus dem Projekt ›Operation Sunflower‹ geworden ist, wird in meinem neuen Buch mit dem Titel *Dance to a Dolphins Song* erzählt.

10

Enge Kontakte

›Operation Sunflower‹ hätte nie stattfinden können, wenn es den Delphin in Dingle nicht gegeben hätte. Er gehört zu den wenigen Delphinen, die lieber Kontakt mit den Menschen aufnehmen, statt in der Gesellschaft ihrer Artgenossen zu leben. Als die Neuigkeit von der außergewöhnlichen Freundlichkeit des Delphins sich verbreitete, kamen immer mehr Besucher in den südwestlichen Teil Irlands, in das kleine Fischerdorf im County Kerry. Im Sommer 1988 gaben einige einheimische Fischer das Netzeauswerfen auf und nahmen statt dessen Touristen auf ihrem Boot mit hinaus zum Delphin. Eine Besucherin, eine Nonne namens Emanuel Immaculata aus Limerick, die schon über siebzig war, zog einfach ihren Badeanzug an und schwamm mit dem Delphin im Atlantischen Ozean. Obwohl das Wasser kalt war und sie keinen Neoprenanzug trug, beteuerte sie später im Boot, daß sie nicht gefroren habe. Sie sei viel zu aufgeregt gewesen, denn sie nahm Kontakt mit dem Delphin auf und berührte ihn. Sie genoß die besondere Beziehung zwischen Mensch und Delphin, die über viele Jahre hinweg dort entstanden war. Als im Jahre 1972 der Delphin Donald vor der Isle of Man auftauchte, begründeten jene, die sich mit

Freundliche wilde Delphine in Monkey Mia, im Westen Australiens.

ihm anfreundeten, eine neue Ära. Zufällig wuchs in dieser Zeit auch überall das Interesse am Tauchsport ganz rapide. Durch die Erfindung der isolierenden Neoprenanzüge war es den Menschen nun möglich, sich stundenlang vor der britischen Küste aufzuhalten und mit Hilfe der Preßluftflaschen sogar unter Wasser zu atmen. So konnten Menschen zum erstenmal im relativ kalten Wasser des nördlichen Europas frei und bequem in die Welt der Delphine eintauchen. Manch einer entdeckte, wieviel Spaß es macht und wie aufregend es ist, mit Donald im weiten Meer herumzutoben. So träumten immer mehr Taucher davon, mit einem wilden Delphin zu schwimmen. Als Donald 1978 verschwand, blieben noch viele Unterwasser-Enthusiasten mit dieser Vision zurück. Als dann 1982 Percy in Portreath auftauchte, waren viele Menschen mehr als erfreut und sehr darauf versessen, seiner Einladung zum Spielen im Meer zu folgen. Die Neuigkeit von seinem außergewöhnlichen Verhalten verbreitete sich hauptsächlich durch die Fernsehsendungen über ihn. Viele Taucher fuhren nach Cornwall, um mit ihm zu schwimmen und zu spielen. Auch in der Delphingesellschaft schien sich die Nachricht vom Spaß mit den Menschen herumgesprochen zu haben – jedenfalls in Europa. In der Dezember-Ausgabe des *International Dolphin Watch*-Heftes wurden nicht weniger als sieben Begegnungen mit freundlichen einzelnen Delphinen, die es auf die Nähe der Menschen abgesehen hatten, detailliert beschrieben. Die Orte dieser Begegnung reichten von Irland im Westen bis nach Jugoslawien im Osten. Sogar ein junger Orca war darunter, der sich während der Sommermonate mit den Arbeitern auf einer Ölplattform in der Nordsee angefreundet hatte. Die anderen waren ›Große Tümmler‹ an etwas zugänglicheren Plätzen. Für die Engländer war es eine besonders aufregende Neuigkeit, daß sich ein Delphin in einem kleinen, überschaubaren Gebiet vor der Flußmündung des Ambles in Northumberland aufhielt. Er wurde von den ortsansässigen Tauchern, die regelmäßig mit ihm zusammen waren, Dougal genannt. Sie berichteten, daß er ganz besonders freundlich sei. Es war unmöglich vorauszusagen, wie lange er in der

Gegend bleiben würde, und jeder hoffte natürlich, daß er ein dauerhaftes Mitglied der Gemeinde werden würde, so wie einst Jean-Louis in der Bretagne, die mehr als zehn Jahre immer an demselben Ort geblieben war.

1988 war ein gutes Jahr in Europa für alle, die eine direkte, enge Begegnung mit einem Delphin suchten. Delphine leben jedoch normalerweise in Gruppen oder sogenannten Schulen zusammen. So fragt man sich, ob es möglich ist, mit einer ganzen Schule auf diese Weise in Kommunikation zu treten? Delphine können, wenn sie wollen, zum Atmen auftauchen, ohne auch nur die kleinste Welle zu verursachen. Wenn sie erst mal unter der Wasseroberfläche sind, haben sie die Möglichkeit, in Sekundenschnelle aus dem Blickfeld zu verschwinden. Sie können für mehrere Minuten untertauchen und in dieser Zeit große Distanzen zurücklegen, denn ihre Art zu schwimmen ist sehr schnell und effektiv. Deshalb gelingt es Delphinen, wenn sie nicht entdeckt werden wollen, sich einfach unsichtbar zu machen.

Das macht die Verhaltensforschung und die Kommunikation mit ihnen in ihrer natürlichen Umgebung äußerst schwierig. Deshalb funktioniert nur das, was die Delphine selbst mitspielen wollen. Wenn wir also eine Gruppe Delphine beobachten wollen, müssen wir dorthin gehen, wo sie höchstwahrscheinlich auftauchen, und hoffen, daß sie ihre momentane Beschäftigung für uns unterbrechen und herüberschwimmen, um Guten Tag zu sagen. In der Vergangenheit gab es immer wieder Zufallsbegegnungen zwischen Tauchern und Delphinschulen. In seinem Buch *Dolphin, Dolphin* hat der neuseeländische Delphinforscher Wade Doak aufregende Begegnungen beschrieben. Er und seine Frau Jan trafen manchmal die Gruppe noch mehrmals wieder.

1976 wurde in den USA die Gruppe *Friends of the Sea* (Freunde des Meeres) gegründet. Ein Ziel dieser Gruppe war, mehr über das Leben der Delphine in ihrer natürlichen Umgebung herauszufinden. Dazu besuchten sie immer wieder eine Schule von Fleckendelphinen. Diese Delphine hatten sich mit ein paar Schatztauchern angefreundet, die vor der ›Little-Bahama-Bank‹ arbeiteten, etwa 50 km vor der Küste Floridas. Wissenschaftler, Musiker und andere Menschen, die einfach nur Delphine liebten, kamen mit den *Friends of the Sea* und probierten einige Methoden aus, um mit den Delphinen zu kommunizieren. Das Resultat, das auf Film und Video festgehalten wurde, ist ein optisches Protokoll vom steten Aufbau der engen Beziehung zwischen den unterschiedlichsten Menschen und dieser Gruppe von Delphinen. *Friends of the Sea* organisiert inzwischen Bootsfahrten für eine begrenzte Anzahl von Personen, bei denen zahlende Gäste die Möglichkeit bekommen, die Delphine zu treffen und mit ihnen im klaren, warmen Wasser im offenen Meer herumzutollen. Inzwischen hat sich ein bestimmtes Vertrauen zwischen Mensch und Delphin aufgebaut, und wenn sich diese Tatsache in beiden Welten herumspricht, wäre diese Annäherung als Modell für zukünftige Unternehmungen zu betrachten, bei denen Wissenschaftler und Urlauber Seite an Seite in einer gelösten Atmosphäre zusammenkämen, um zu forschen und die Gesellschaft der freilebenden, wilden Delphine zu genießen.

Das alles klingt ganz schön und gut, wenn man schwimmen kann und gerne segelt. Aber was ist, wenn man kein guter Schwimmer ist? Nun, es gibt einen Ort in der Welt, wo eine ganze Delphinfamilie freiwillig bis zum Strand kommt. Sie schwimmen den Menschen um die Beine, während sie im Wasser waten. Der Ort heißt Monkey Mia und liegt etwa 800 km nördlich von Perth in Westaustralien, in einer Gegend, die Shark-Bay heißt. Es ist ein sehr verlassener Ort in eincr wilden Gegend, und das bedeutet, daß jemand, der sich auf den Weg dorthin macht, einige Mühe in Kauf nehmen muß. Aber für solche, die sich den Delphinen verschrieben haben, ist es die Mühe und die Zeit wert.

Ich besuchte Monkey Mia 1986, um selbst den besonderen Zauber der Delphine an diesem Ort zu erleben. Ich wurde von Wilf und Haze Mason eingeladen, den Besitzern des Campingplatzes dort. Er liegt genau an dem Strand, den die Delphine besuchen. Glücklicherweise bekam ich die Enkelin der beiden als Führerin. Sie stellte mich den Delphinen vor, denn sie kannte sie alle mit Namen. Viele Leute denken, daß Delphine alle gleich sind, so wie Fische. Aber das stimmt nicht. Sie haben unterschiedliche

Persönlichkeiten, und mit etwas Erfahrung ist es möglich, einen Delphin an seiner Rückenflosse zu erkennen, denn die ist oftmals eingekerbt oder vernarbt. Ein Delphin in Monkey Mia, den man sicher mit keinem anderen verwechseln kann, hat zum Beispiel ein Loch in seiner Rükkenflosse. Er heißt deshalb Holey Fin (Lochflosse). Die meisten Leute kommen mit dem Auto oder dem Überlandbus nach Monkey Mia. Die nächste Ortschaft heißt Denham. Ich fuhr von Perth nach Denham: das letzte Stück nach einem der seltenen Regengüsse. Die unasphaltierte Straße war manchmal wie ein Morast, und als ich dann noch einer Gruppe half, ihr umgekipptes Auto aus dem Schlamm zu ziehen, war ich über und über damit bedeckt.

Ich traf gerade rechtzeitig auf dem Campingplatz ein. Die Delphine waren am Strand und schwammen im Wasser auf und ab. Ich stieg sofort zu ihnen hinein. Die Delphine sind nämlich nicht den ganzen Tag da, und an manchen Tagen kommen sie überhaupt nicht an den Strand, obwohl das sehr selten ist. Vor meinem Besuch in Monkey Mia hatte ich Elizabeth Gawains Buch *The Dolphins Gift* (Die Gabe der Delphine) gelesen und mit Wilf und Haze Mason Briefe ausgetauscht. Als ich sie dann traf, stellte ich fest, daß die beiden ein sehr gastfreundliches Ehepaar waren. Kurz nachdem ich ankam, begleitete mich Wilf, der einen breitkrempigen Hut trug und rittlings auf einem Motorroller saß, zu einem Wohnwagen, der für die nächsten vier Tage mein Zuhause sein sollte.

Ich wußte, daß die Masons sich aus vollem Herzen um das Wohlergehen der Delphine kümmerten. Es ist zum größten Teil ihren Bemühungen zu verdanken, daß die *Dolphin Welfare Foundation* (Organisation zum Schutz der Delphine) gegründet wurde. Die Besucher sollten über die besondere Beziehung zwischen Mensch und Delphin informiert werden, und sie sollten etwas über die Biologie der Delphine lernen. Das Ergebnis ist, daß Besucher nun besser vorbereitet sind und die Erfahrung, die sie machen, besser zu schätzen wissen. Ein Aufseher wurde angestellt. Er ging am Strand auf und ab und beobachtete die Kontakte der Delphine mit den Menschen. Außerdem bekam er ein entsprechendes Häuschen, das dicht am Wasser stand. Hier gab es auch Informationsblätter. Zu bestimmten Zeiten am Tag konnten die Leute Fisch für die Delphine kaufen. Aber nicht nur die Delphine profitierten von diesen kleinen Geschenken. Einige Pelikane stibitzten auch Fische aus den Eimern unbedarfter Delphinfütterer, die ihren Vorrat für ein paar Sekunden unbeobachtet ließen. Ich habe sogar mal einen ganz besonders frechen Pelikan gesehen, der sich einen Fisch im freien Fall zwischen menschlichen Fingern und offenem Maul des erwartungsfrohen Delphins schnappte.

Die Morgendämmerung in Monkey Mia war besonders bezaubernd. Beim ersten Anzeichen des Tageslichts ging ich zum Stand hinunter. Ich suchte die glatte Wasseroberfläche nach den Delphinen ab. Wie immer um diese Zeit sah ich von ihnen nichts. Also watete ich ins Wasser. Ich liebe die Einsamkeit und diese Momente. Ich lauschte dem sanften Plätschern der Wellen, die den Sandstrand hochliefen. Ein rosafarbenes Glühen färbte dann den Himmel und breitete sich langsam nach oben wie ein helles Feuer aus. Ich wanderte vorwärts und rückwärts im Wasser, hielt manchmal an, um einen Zeh in den Sand zu bohren, bis es sich anfühlte, als würden meine Füße hinunter in den Meeresboden gesogen, dorthin, wo sich die Delphinwelt und meine trafen. Dann – aus dem Nichts heraus – waren sie plötzlich da. Ich sah sie gewöhnlich, wenn sie noch ein paar Meter entfernt waren und eine graue, gebogene Rückenflosse sich langsam auf mich zubewegte. Es war meistens Holey Fin. Einige Sekunden später schaute ihr runder Kopf vor mir aus dem Wasser heraus. Sie grüßte mich mit ihrem aufgerissenen Rachen. Nachdem ich sie begrüßt hatte, nahm ich Wasser in meine hohle Hand und ließ es auf ihrem Rükken niederrieseln. Sie kam selten allein. Kurze Zeit später erschien ihre Tochter, die an Weihnachten geboren worden war, und manchmal folgte ihr Crooked Fin (Krummflosse). Ich hatte also manchmal die Gesellschaft dreier Delphine, die weich im Wasser um mich herumglitten – eine Morgenkonferenz der Delphine –, während der Rand der mohnroten Sonne langsam und lautlos am Horizont auftauchte und ihr Licht ins Meer goß. Dann bewegten sich die Delphine langsam und leise fort. Dabei schwammen sie immer nahe am Strand entlang. Sie begrüßten nämlich einen anderen Menschen, der gerade ins Wasser kam. Es war ein 16jähriger Junge, der sehr sensibel und sanft war. Ich wußte, daß er ein paar Augenblicke mit dem Delphin alleine sein wollte. Erst dann ging ich zu ihm, und wir wechselten ein paar Worte.

Als die Sonne aufging, erwachten die anderen Menschen auf dem Campingplatz. Manche machten vor dem Frühstück noch einen Strandspaziergang, andere waren schon im Wasser und streichelten die Delphine. Etwa eine Stunde, nachdem ich aufgestanden war, ging ich zu meinem Wohnwagen zurück und trank eine Tasse Tee, während meine Seele auf einem Meer von Frieden und Ruhe schwebte. Nach dem Frühstück veränderte sich die Atmosphäre völlig: Boote wurden zu Wasser gelassen. Sie fuhren hinaus zum Fischen. Familien gaben sich der zeitaufwendigen Beschäftigung aller Meeresurlauber hin: dem Sandburgenbau, Spazierengehen, Sonnenbaden und Schwimmen. Für die Urlauber in Monkey Mia gab es jedoch zusätzlich noch etwas, was sie sonst nirgendwo in der Welt erleben konnten: Sich mit einer wilden Delphinfamilie beschäftigen, die kommen und wegschwimmen konnte, wann immer sie wollte, mit den Delphinen zu schwimmen, zu spielen und sie zu füttern. Diese Delphine kamen freiwillig, um Freundschaft mit dem Menschen zu schließen. Niemand weiß genau, warum. Manche meinen, daß es die Fischer waren, die die Delphine angelockt haben, weil sie ihnen Fisch von der hölzernen Mole aus zuwarfen. Wenn die Erklärung so einfach wäre, könnte man annehmen, daß sich ähnliche Begebenheiten auch an anderen Orten zugetragen hätten. Aber das ist nicht der Fall. Und so bleibt es ein Geheimnis. Wie schon erwähnt: Wir können die Delphine nicht zwingen, unsere Anwesenheit zu dulden, wenn sie es nicht möchten. Deshalb müssen wir es akzeptieren, daß die Delphine diejenigen sind, die den Kontakt aufrechterhalten. Dieser Umstand und die Frage, warum Delphinfamilien immer wieder zum Strand kommen, um Freundlichkeiten mit Menschenfamilien auszutauschen, ist Anlaß für viele Spekulationen. Ist es ein zufälliger Versuch eines intelligenten Stammes der Meeresnomaden, einen freundschaftlichen Kontakt mit einer ihnen fremden Landintelligenz, also uns Menschen, aufzunehmen? Was diese ziemlich unwahrscheinliche Theorie stützt, ist die Tatsache, daß die Delphine außer ihrer Freundschaft auch manchmal einen Fisch als Geschenk mitbringen und ihn den Leuten am Strand zuwerfen.

Es gibt Millionen Delphine auf der Welt und Hunderte von Plätzen, wo sie sich dick mit den Menschen anfreunden könnten. Warum aber wählten sie Monkey Mia? War es deshalb, weil hier eine der letzten Wildnisse der Erde ist, wo Menschen noch nicht versucht haben, die Natur zu unterwerfen und die Umwelt unter ihre Kontrolle zu bringen, um sie auszubeuten?

Wie lange gab es diese Kontakte eigentlich wirklich? Wurde diese Verbindung vielleicht schon vor ganz langer Zeit geknüpft, mit den australischen Ureinwohnern, die ein tiefes Wissen und Verständnis, eine ebenso tiefe Liebe und vor allem Respekt für alle Lebensformen ihrer Umgebung haben? Wurde dieser Kontakt in diesem Jahrhundert vielleicht irgendwann unterbrochen? Wenn das so wäre, dann hätten die weißen Australier, die den Delphinen Fische zuwarfen, diesen Kontakt, ohne es zu wissen, wiederaufgenommen.

Wie auch immer die Antworten auf diese Fragen lauten. Tatsache ist, daß es eine metaphorische Brücke in Monkey Mia gibt. Eine Brücke, über die die Menschen gehen können, um die geheimnisvolle Welt der Delphine kennenzulernen. Es ist eine Brücke, die alle Menschen mit einem Bewußtsein für die Zukunft unserer Erde erhalten sollten, und das mit aller Kraft.

Die Menschen, dic den Weg zu den Delphinen gefunden haben, werden das folgende Gedicht *Halieutica* von Oppian, aus dem 2. Jh. n. Chr. verstehen:

Nichts ist bisher erschaffen worden, was göttlicher ist, als der Delphin. Denn eigentlich waren sie ehemals Menschen und lebten in Städten mit den Sterblichen.

Jedoch, durch die Erfindung des Dionysos, wechselten sie vom Land ins Meer und nahmen die Form von Fischen an.

Für weitere Informationen zu Delphinen können Sie sich im deutschsprachigen Raum an das Arion Delphinprojekt e. V. in Berlin wenden. Telefon- und Fax-Nr. 030/2948931.

Danksagung

Ich möchte allen danken, die dazu beigetragen haben, daß dieses Buch entstehen konnte, besonders meinen Freunden, die so nett waren, die Fotos zur Verfügung zu stellen. Das sind: Nigel Rolstone – auch ›Animal‹ genannt –, der seine Begegnung mit Percy, dem wilden Delphin vor der Küste Cornwalls, zu den erinnerungswürdigsten Erlebnissen zählt; Georgie Douwma und Peter Scoones, mit denen ich ein paar erinnerungswürdige Wochen mit dem Beobachten und Filmen des wilden Delphins Jean Louis vor der französischen Küste verbrachte; Phyllida Cotton – deren Vater Dr. Simon Cotton mich freundlicherweise hinaus aufs Meer fuhr, um vor der Küste Neuseelands nach Schwertwalen und Delphinen Ausschau zu halten; Penelope Otto, die ich ebenfalls in Neuseeland traf und die mir ihr Foto von Opos Statue gab; Denis Moore, dessen nette Gesellschaft ich in Griechenland genoß. Chris McLoughlin, die eine perfekte Gastgeberin bei meiner Suche nach Sandy war (ein wilder Delphin bei den Bahamas); Angela Ames, die das Foto von dem Delphinskelett aufnahm, das wir auf den Galapagos-Inseln fanden; Arnold Madgwick vom Institute of Oceanographic Science; und mein Filmpartner Chris Goosen, ohne dessen Bemühungen ich nie Dobbie, den Delphin im Roten Meer, gefunden oder nie Moses

Bengas Geschichte gehört hätte in Sierra Leone. Ein herzliches Danke auch meiner Sekretärin Kerry Davis, die meine besprochenen Bänder und unordentlichen Hieroglyphen in ein fehlerlos getipptes Manuskript umarbeitete, ebenso Doug Goodwin für seine Arbeit an meinen Bildern in der Dunkelkammer. Denis McBrearty, der netterweise das Manuskript zum Buch gegenlas, und Gillian King, beide an der Universität von Cambridge, möchte ich meine tiefe Wertschätzung darüber ausdrücken, daß sie ihre Expertise und ihr Wissen über Delphine mit mir teilten. Ich danke Dr. Robbins Barstow und seinen Freunden von der Connecticut Cetacean Society für ihre Gastfreundschaft während meines Besuches, ganz besonders Bill Rossiter für seine Erlaubnis, das Foto dcs Mörderwals in diesem Buch zu verwenden.

Schließlich gilt meine Liebe den Delphinen selbst, die mir so viele verzauberte Momente brachten, so daß ich kaum wage, daran zu denken, denn ich fürchte fast, es waren alles Träume.

Abbildungsnachweis

Nigel Rolston 8, 102; Phyllida Cotton 16; Angela Ames 25; Denis Moore 36; Bill Rossiter 47; Penelope Otto 80; Arnold Madgwick 96. Alle anderen Fotos wurden vom Autor selbst gemacht.